扮美背阴庭院

[日] 宇田川佳子
[日] 齐藤吉江
[日] 田口裕之
编

佟 凡
译

机械工业出版社
CHINA MACHINE PRESS

近年来，夏季的暑热让人和植物都难以忍受。
比起只能种植可以忍耐夏日炎热的植物的向阳处，
也许背阴处才是更适合植物生长的环境。
实际上，能在背阴处生长的植物种类繁多。
如果您的庭院日照充足，那么我建议您种上一些落叶树。
从树叶间洒下的温暖阳光将为您营造四季分明的宁静庭院。

冬·春

于万物复苏时盛开的花朵

香橙树是常绿乔木，种在树下的是能够在半背阴环境下开花的常绿屈曲花和堇菜。远处的郁金香在阳光下也能长时间开出美丽的花朵，两处的白花竞相开放。

落叶树下的娇嫩花朵

这里是落叶树下。从冬天到春天阳光充足，在落叶铺成的柔软地毯上，郁金香安静地开放。因为娇嫩的玉簪和铁筷子（圣诞玫瑰）无法承受夏天的直射阳光，所以树荫下的环境最适合它们。

树荫下盛开的鲜艳花朵

落叶树下生机勃勃的纯白月季是"藤本冰山"。月季"紫玉"喜光，细长的枝干向远处尽情伸展，紫色花瓣像天鹅绒一样闪闪发光。远处的蓝色、白色花穗是翠雀。

初夏

花朵数量较少，但是花期长

粉色的藤本月季"春霞"，在阳光下能开出茂盛的花朵，在半背阴的环境中则呈现宁静的气质。如果种在向阳处，花朵容易干枯，而在半背阴的环境下它们就能够长期保持水灵的状态。

盆栽在较高的位置更容易照到阳光

就算照不到太阳，高处也会更加明亮。用盆栽装饰背阴处时应该选择尽可能高的位置，比如桌子或者长椅上。如果是半背阴的环境，则需要同时考虑阳光的角度。

夏

沐浴在西晒中，给半背阴处增加色彩的绣球花"安娜贝尔"

这里是能在午后照到阳光的半背阴处。因为土壤容易干燥，所以不能忘记浇水。不过易养活的绣球花"安娜贝尔"不会出现叶烧现象，大花球会开得热热闹闹的。另外，花朵还会从明亮的绿色变成白色，十分清爽。

让每个角落都染上季节的颜色

柑橘"甜夏"是常绿植物，但是枝叶并不茂盛，能投下面积正好的阴影。在果实开始染上黄色的时候，足摺野路菊（*Dendranthema occidentali-japonense* var. *ashizuriense*）在树下繁茂的羊角芹和苔草（薹草）间开出朴素的花朵，给庭院披上秋色。

秋

彩色叶子重叠出季节的色彩

彩色的叶子可以呈现季节感。彩叶草"月光"的叶子颜色像秋天的树叶一样柔和，和暗淡的绿色共同将庭院染成深秋的色彩。台湾油点草等可爱的小花也为庭院增添了一分色彩。

扮美背阴庭院
目 录

※ 栽培时期主要以日本关东到关西地区为标准。

※ 没有提到特定品种名称的植物，一般可以选择个人喜欢的品种。

9

第 **1** 章

让背阴处成为庭院

尽管植物需要光线，但是夏日的强光也是难以忍受的。

在烈日炎炎的夏季，只有在背阴处才能打造出鲜花盛开、

凉意沁人的庭院。

只要种上树木，创造适当的树荫，

就能让阳光穿过树叶的缝隙，将庭院的向阳处变成阴凉。

将背阴处分为三大类

本章将背阴处分为昏暗背阴处、明亮背阴处和半背阴处三种类型。

有的背阴处即使在白天也很昏暗，有的背阴处尽管没有阳光，却依然明亮。不同类型的背阴处能够种植的植物各不相同。尽管植物在较为恶劣的环境中也能生长，但是为了充分展现植物的特征，合适的日照环境十分关键。首先，请您明确背阴处的成因，以及自家庭院背阴处的类型。由于日照环境会随着季节的变化而发生改变，所以请在一年中日照时间最长的夏至和日照时间最短的冬至分别查看日照环境。

三种背阴类型

本书将背阴处分为以下三种类型进行介绍。

昏暗背阴处

一天之中几乎照不到太阳，也无法照到间接阳光。比如当我们进入杉树林中时，就算是白天也会觉得昏暗。另外，被建筑物包围的空间、阳光被高大的围墙挡住的地方都是昏暗背阴处。

明亮背阴处

无法接触或者只能接触少量直射阳光的地方被称为明亮背阴处。比如阳光从树叶间洒下的落叶树脚下；周围环境开放，可以接触间接光源的明亮场所；能够接触建筑物、墙壁、道路反射的间接光线的地方。

半背阴处

每天有几个小时能够晒到太阳的环境。与明亮背阴处相比，能够种植的植物种类更多。但是在夏季西晒强烈的半背阴处种植喜阴植物的话，植株可能会出现叶烧现象。

背阴处的成因

从空中接触间接阳光，或接触建筑物反射的间接阳光的地方就算没有阳光直射，也会比较明亮，能够成为明亮背阴处。

下图中分别画出了形成昏暗背阴处和明亮背阴处的例子。

被建筑物夹在中间的昏暗背阴处

四周被房子或墙壁围住的狭长空间。因为直射阳光和间接阳光不易进入而长期保持昏暗。

间接阳光

从空中获得间接阳光的明亮背阴处

周围没有其他建筑物，环境开放时，因为有来自空中的间接阳光，就算照不到太阳也比较明亮。

间接阳光

间接阳光

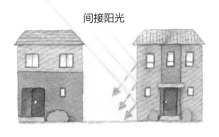

被墙壁或者围栏反射的间接阳光照亮的背阴处

尽管没有阳光直射，却能够得到隔壁建筑的墙壁或围墙反射的阳光。如果墙壁的颜色较浅，背阴处就会较明亮。

穿过树叶缝隙的阳光

阳光透过树叶照下的明亮背阴处

照在树上的阳光穿过树叶的缝隙，这样背阴处能够得到柔和的阳光。

了解庭院的环境

关于日照

人们眼中的背阴处有时也可以照到阳光。人们通常会认为北侧庭院总是处于背阴环境中。其实到了夏天，太阳会在清晨和傍晚时转到北边，正午时分，北侧庭院也几乎能照到直射阳光，所以这里是能晒到太阳的半背阴处。日照环境会根据季节而发生变化。

人们通常认为阳光充足的朝南庭院，如果南边有建筑物的话，也有可能形成背阴或半背阴环境。如果在高于庭院的位置有别的建筑，就算屋里阳光充足，庭院中的植物也不一定能得到充分的日照。请一定要根据植物的高度来判断日照情况，要环视四周，确认有没有建筑物反射来的间接阳光或者来自空中的间接阳光。

关于土壤

人们常说光照不好的地方无法培育植物，其实很多时候是土壤的原因。了解土壤的状况与了解日照条件一样，是打造庭院的基础。

很多喜阴植物的故乡是森林。它们生长所需的最理想的土壤是树叶堆积而成，充满有机物的土壤。但是由于人们认为背阴处无法种植植物而对其置之不理，所以背阴处的土壤很可能缺乏有机物。请大家在庭院中加入腐叶土，创造富含有机物的土壤吧。松软的土壤排水性好，而且能保持适当的湿度。

另外，在墙角或围墙下方等难以淋到雨水的背阴处，土壤容易干燥。而新建的房屋或车库地势会比庭院高，背阴处在雨后排水效果会变得较差。为了改善环境，让庭院更适合喜阴植物生长，大家需要在各方面对土壤进行改良。

查看环境

Ⓐ明亮背阴处 — 树下的多年生草本植物有水甘草、铁筷子、羊角芹等。

Ⓑ昏暗背阴处 — 与其他地方相比湿度较高。树下的多年生草本植物有尖叶匍灯藓、掌叶铁线蕨、肺草、鹅掌草、星芹等。

Ⓒ明亮背阴处 — 水甘草、达磨圆锥绣球（圆锥绣球的矮生品种）等。

Ⓓ向阳处 —— 铺设小石子，栽种适合向阳处的植物。百子莲、宿根鼠尾草等。

Ⓔ明亮背阴处 — 树下的多年生草本植物有羊角芹、足摺野路菊、苔草等。

Ⓕ昏暗背阴处 — 因为隔壁的房屋遮挡，常年处于昏暗中。可种植掌叶铁线蕨、红盖鳞毛蕨等。

"木之心"庭院

P22~27 介绍工作室"木之心"设计的庭院。这是一座从彻底未经加工的土地开始打造的庭院。东侧近山，所以上午很难晒到太阳。南侧被邻居的房屋遮挡，光线昏暗。庭院西侧为开放式。土壤中含有沙子，因为地势较高，通风情况好，所以湿度较低。因此，工作室加入腐叶土进行土壤改良。为了种植野草和山里的灌木，种植了密度较高的落叶树，创造背阴处防止西晒。于是，以阳台前的羽扇槭树下为起点，创造了一座从初夏时节开始形成背阴处，树木落叶后能适当晒到阳光的庭院。

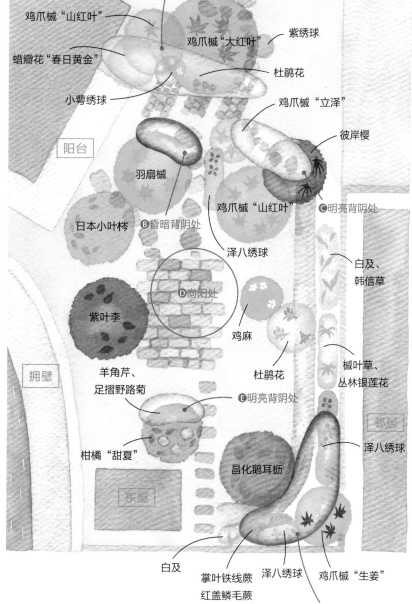

Ⓐ明亮背阴处

鸡爪槭"山红叶"

鸡爪槭"大红叶"

紫绣球

蜡瓣花"春日黄金"

杜鹃花

小萼绣球

鸡爪槭"立泽"

彼岸樱

阳台

羽扇槭

鸡爪槭"山红叶"

Ⓒ明亮背阴处

日本小叶栲

Ⓑ昏暗背阴处

泽八绣球

白及、韩信草

Ⓓ向阳处

紫叶李

鸡麻

杜鹃花

槭叶草、丛林银莲花

拥壁

羊角芹、足摺野路菊

Ⓔ明亮背阴处

柑橘"甜夏"

邻居

泽八绣球

昌化鹅耳枥

东屋

白及

掌叶铁线蕨红盖鳞毛蕨

泽八绣球

鸡爪槭"生姜"

Ⓕ昏暗背阴处

选择喜阴植物

在灌木和多年生草本植物中，可以选出适合各种环境的植物。喜欢昏暗背阴处的植物只需要微弱的阳光就能生长，如到了花季就能开花的蝴蝶花和阔叶山麦冬，或者能结出美丽的红色果实的朱砂根和紫金牛。

选择适合庭院环境的植物，然后频繁去庭院中观察。因为在不同时间和季节，日照也会发生变化。夏季的阳光出乎意料的强，也许有植物会出现因干燥而发生叶烧现象的情况。要注意植物的变化和它们发出的信号，让庭院始终保持湿润的绿色，这才是维持庭院美丽的奥秘。

最近，回归自然成了一种生活方式，很多人开始钟情绿色植物。适合背阴处的植物中有很多符合人们的这一喜好，比如丰富多彩的灌木等观叶植物，请大家按照自己的喜好尽情选择吧。

※ 在本书中乔木绣球"安娜贝尔"一律使用"安娜贝尔"这个名字。

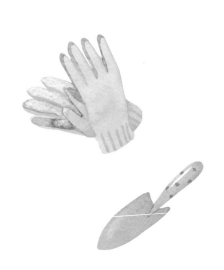

适合种植在昏暗背阴处的植物

这些植物原本主要生长在森林中阳光照不到的地方，叶片大多是肥厚的常绿阔叶，尽管花朵朴素，但是果实散发着红色等耀眼的光泽。蕨类植物、麦冬、虎耳草等都有着独特的质感和形状。

青木

花朵小而朴素，叶子有光泽的阔叶植物。

蝴蝶花

适合种于潮湿的昏暗背阴处，白色的花朵色彩鲜明。

适合种植在明亮背阴处的植物

在自然界中，这些植物生长在树荫下，能接收穿过树叶洒下的阳光。它们喜欢明亮的地方，但是无法承受直射阳光。马醉木、泽八绣球、玉簪等都有美丽的花朵和叶子，猪牙花、落新妇、筋骨草等多年生草本植物既是美丽的野草，同样适合作为园艺品种。

马醉木

像铃兰一样的白色花朵开成串儿。

玉簪

很多品种叶片有斑纹，形状和大小多种多样。

适合种植在半背阴处的植物

生长在森林周围的植物，每天只需要接受几小时的阳光就能茁壮成长，很多植物在春夏会开出美丽的花朵，而秋天的代表性植物之一是打破碗花花。适合向阳处的植物只要有耐阴性，就可以在半背阴的环境中生长，所以这类植物很丰富。

安娜贝尔

开纯白色的花朵，易养活，花期长。

打破碗花花

打破碗花花华丽、生命力强，是秋天的庭院中不可或缺的花朵。

种植树木，积极创造背阴环境

在炎热的夏季，人们会在走进树荫下后松一口气。穿过树叶间的阳光令人心情舒畅，如果脚下有湿润的绿色植物，眼睛和心灵都会得到抚慰。

哪怕是光照好的庭院，只要种上落叶树，就能创造背阴环境。看到阳光穿过树叶洒进庭院，您一定会更想接触院中的花朵和绿叶，从窗户眺望庭院的次数也会增多。在树下种上春天会开花的野草，庭院就会呈现一派野趣十足的景色。当枝叶过于繁茂时，可以通过修剪让庭院保持适当的亮度，秋天看过红叶后，叶子落下，太阳能照到的地方会变多。落叶树的优点就在于能够改变背阴处的面积。

有背阴处就意味着有阴影，有层次。在庭院中种上落叶树之后，就可以种上适合在背阴处生长的植物，创造绘画作品和照片中经常能见到的有阴影的庭院了。

初夏，湿润的背阴处

给庭院浇过水后，可以在长凳上乘凉，也可以打开窗户让湿润的空气进入房间。

让门口的通道成为一片杂木林

从大门到玄关种上几棵槭树或日本小叶梣，在树下种植叶片有斑纹的绣球花、玉簪等进行点缀。短短的一段通道就能呈现一道杂木林的风景。

种植标志性树木

打造庭院的第一步就是种植标志性树木。这棵日本小叶梣在马路和房子中间形成了缓冲带，也能够创造阳光穿过树叶的风景。"安娜贝尔"就生长在这样的阳光下。

在市中心的住宅中形成穿过树叶的阳光

常绿的光蜡树分叉少，树形相对流畅，小叶能形成穿过树叶的阳光，经常用在市中心的庭院设计中。从二楼起居室的窗户向外看，刚好能看到繁茂的枝叶。

第 2 章

活用背阴处的四个庭院

本章将向大家介绍背阴庭院和半背阴庭院的具体案例。

四个庭院分别是落叶树庭院、郊外住宅庭院、

市中心住宅庭院和月季园庭院。

每个庭院中都充满了积极利用背阴处的灵感。

Garden_1

落叶树和野花野草
搭配出的自然庭院

● 木之心

日照条件
由落叶树形成的明亮背阴处、半背阴处。庭院中间是向阳处。与旁边人家隔开的高大木栅栏附近成了昏暗背阴处。

从落叶树到野草的设计
在鸡爪槭"大红叶"下，种着灌木蜡瓣花"春日黄金"和开白色花朵的小萼绣球。绿色和白色这种简洁的色彩搭配给人清凉的感觉。

用带斑纹的彩色树叶和小花装点落叶树的脚下

来到这里时是五月末，天气已经变得炎热。走进树荫下，暑气一下子消散了。田口裕之先生说："在树荫下很舒服吧，这个有阳光从树叶间洒下的庭院与后山的风景十分融洽。"他是工作室"木之心"的首席设计师，"木之心"主要从事庭院设计，树木及宿根草销售等。

绿色的槲树、槭树和日本小叶梣下，阳光穿过树叶形成了明亮的背阴处。巨大的槲树下，蜡瓣花的叶子闪闪发光，小萼绣球的纯白花朵让人印象深刻。走在被绿色包围的庭院小路上，能看到虎耳草、阔叶山麦冬、紫斑风铃草的可爱花朵。

"人们总会觉得落叶树和野草的组合充满日本风情，其实这种组合不分国界，都能够组成自然的庭院。就算您只想躲避夏日的酷暑，落叶树也是不错的选择。"

日本的槲树和日本四照花在欧洲的庭院中也很受欢迎。而且树荫可以让漫长的酷暑天气变得清凉。

由树木形成的背阴处有野草和石子路，这幅景象与干燥的向阳处完全不同。青苔湿润的绿色，叶子散发着光泽的八角金盘和大吴风草都让人眼前一片清凉。

利用叶子颜色和形状各不相同的灌木和野草

使用叶子上有斑点或条纹的灌木和野草，能够给背阴处带来一抹亮色。羽扇槭树下已经长出花蕾的是斑纹品种的泽八绣球"九重山"。

阳光从树叶间洒下，
树下开出了清爽的小白花

阳光从树叶间洒下的明亮背阴处的环境与森林中相同。在阳光照不到的昏暗背阴处只能种植蕨类、八角金盘等植物，而在有阳光从树叶间洒下的地方，可选择的植物就多了。无论这些植物会开出什么颜色的花，庭院始终以仿佛要喷涌而出的绿色为主调，各种颜色不会发生冲突，选择植物时要注意让每个季节的开花植物都开出同色系的花朵。一阵暖风吹过，新绿中就能开出白色的小花。

背阴植物形成的复古风景

透过旧玻璃窗能看见庭院中的落叶树。因为有槭树的树荫，泽八绣球、落新妇、苔藓类植物和大戟能够保持水灵灵的姿态。

虎耳草

它在相当昏暗的环境中也能生长，是背阴庭院的好伙伴，最适合作为小面积的地被植物。

紫斑风铃草

低垂着头，姿态可人的野草。照片上是重瓣的园艺品种。

铁线莲

种在槭树下的铁线莲。选择了适合生长在树木茂盛的昏暗背阴处的容易开花的品种。

星草梅

也叫三叶绣线菊，原产于北美。花瓣和花茎都很纤细，是清秀的多年生草本植物。

泽八绣球

欧洲的绣球花品种都容易长大，而泽八绣球花叶都很小巧，适合小空间种植。

白及

不需要费功夫照顾，每年都会开花。除了花朵，细长的叶片也很具有观赏性。

充分利用季节的恩惠

由落叶树和野草勾织而成的自然庭院中并没有栽种每一季都要更换的一年生草本植物。因此不需要过多打理，就能够自然地呈现不同季节的风采——从新绿到嫩绿的落叶树庭院，从夏季的繁茂树影到红色的深秋景色。需要打理的工作几乎只有秋天的修剪，而且营造庭院氛围的树木不需要像日本传统庭院那样精心修剪，只需要保持自然的形态即可。

夏 树荫下空气清爽

春 落叶树庭院适合野草生长

落叶树发芽前不会遮挡住春日的阳光，阳光充分洒在堇菜和猪牙花等野草上。

铁筷子是背阴庭院中的"好学生"。一般的多年生草本植物花期很短，而铁筷子能够持续开花一个月以上。

绿叶清爽的季节。分叉的日本小叶榉营造杂木林般具有野趣的风景。

苔藓给干燥的夏日带来清凉。苔藓和虎耳草一起给庭院中最昏暗的地方带来了一丝滋润的气息。

在充分享受新绿的色彩后就迎来了梅雨季。泽八绣球和绣球花（*Hydrangea macrophylla*）在被雨水淋湿的庭院中相映生辉。

虽然是常绿树，但柑橘树依然能形成恰到好处的树荫。柑橘"甜夏"的脚下种着苔草、羊角芹和足摺野路菊。

开始变红的鸡爪槭

红叶是落叶树的精妙之处。近年来秋天来得较晚，但是当早晚变冷后，叶子就开始染上鲜红的色彩。

只能照到西晒，全年有鲜花绽放的
半背阴盆栽庭院

● 铃木家

虽然只有西晒，植物依然生机勃勃

将植物搬到能充分晒到太阳的高台上，选择较高的花盆，仔细调整摆放的角度。保持通风良好是对抗夏日酷暑的方式之一。在这种环境中要选择能经受强烈日照和干燥的植物。

西晒的门前花园

将原本只是摆着几盆普通盆栽的庭院设计成了以混栽为主题的花园。高耸的梧桐树是庭院的标志。

接连盛开的矮牵牛显得体积增大

福禄考、大戟等植物的白花，淡淡的银色叶子，如同被虎掌藤黑紫色的叶子束缚一般。原本适合种在向阳处的矮牵牛可以增加花朵的分量感。

日照条件

因为周围有房屋，庭院南侧在春夏时形成有西晒的半背阴环境，秋冬则形成明亮的背阴环境。西侧是半背阴环境，北侧是明亮的背阴环境。

半背阴庭院的重点在于盆栽的摆放方式

《妙园工程》（*Myu Garden Works*）的主编宇田川佳子打造的是由盆栽组成的门前花园。在浅蓝色的可爱房门前，颜色形状各异的植物和人气品种、珍贵品种的盆栽迎接着大家。

这个庭院方向朝南，因为隔壁有房屋，夏天的日照时间只有西晒时的几个小时。到了冬天就会成为几乎照不到阳光的明亮背阴处。在这种环境中，以门前的花园为主，走廊、连廊、木篱笆上都装饰着盆栽。这些盆栽几乎都采取了混栽的方式。"我将花盆放在较高的地方，因为仔细调整了角度，所以光照有所增加，还能改善通风情况，让植物的长势更好。"因为明亮背阴处、半背阴处的植物也需要基本的日照，所以这处庭院设计的重点在于选择比直接种在地上更容易接受阳光的盆栽植物。

六月的庭院中，不仅有喜欢半背阴环境的"安娜贝尔"、玉簪、秋海棠、各种各样彩色叶子的矾根，还有色彩鲜艳的矮牵牛、繁星花等喜光植物的花朵。

"在这里种植喜光植物时，可以选择开花数量多，花色丰富，生命力接近野花的好养活的品种。"

在经过多年打理的庭院中，蕴藏着很多利用少量阳光种植植物的方法。

要立体地利用狭窄的空间

从西面照过来的阳光可以立体地利用。在窗边搭建架子，放上
草花、多肉植物和黄栌的盆栽，架子下方做成花坛。

龙面花在窗边盛放

窗边放的是龙面花，它在向阳处或半背阴处都可以开花，只要
适当进行修剪，从初春到暮秋都能持续开花。向着太阳伸展的
纤细花茎具有独特的自然感。

选择花朵数量多的喜光品种

矮牵牛原本是喜光、易养活的植物，种在背阴处容易徒长。
这时虽然花朵数量减少，但足够欣赏。重瓣矮牵牛"花衣"
的花瓣黑紫色和黄色相间。

充分利用墙角、窗边的阳光

　　从门前花园、连廊到墙边，都是每天只有几个小时光照的半背阴环境。若是在摆放盆栽时只考虑美观，就无法充分利用珍贵的阳光。排列盆栽时要选择能充分沐浴阳光的地点。将盆栽放在较高的位置可以避免阳光被遮挡，能够增加光照。墙边还种着伸长枝条的藤本月季。

墙边的花坛容易干燥，要选择易养活的品种

墙边的花坛淋不到雨水，而且墙壁会吸收水分，所以要选择耐旱能力强的繁星花、生命力接近野花的金钱蒲等易养活的植物。

11月的繁星花。原本适合种在向阳处，不过在这个环境中也能生长。花期为初夏到秋天，在盛夏也能照常开花。

调整高度，让盆栽处于阳光能照到的位置

藤本月季会向着光伸长枝条，可以将它引到"墙边花园"处。使用能够移动的盆栽，可以在不同季节改变其位置，准确抓住阳光。

梧桐能缓解盛夏的西晒状况

虽然每天只有几个小时能沐浴珍贵的阳光，但是夏日的西晒对植物来说依然过于强烈。可以适当通过梧桐树的树荫来改善西晒环境。

白墙反射的柔和阳光，能够让可选择的植物种类增加

除了直接日照，间接光照也需要珍惜。经过墙壁反射的明亮光线对植物的生长有益。特别是白墙，能更好地反射阳光。如果能够利用墙壁或围栏反射阳光，就能让光线变得更明亮。有了反射光带来的亮度，植物的组合方式会更多，在几乎没有日照的明亮背阴处也能种植月季。

矮牵牛可以在间接日照下开花

就算是半背阴环境，只要有白墙反射的太阳光，就可以在混栽中加入适合在向阳处生长的矮牵牛。另外，适合半背阴环境的植物还有珍珠菜、大戟、矾根等。

在几乎没有日照的庭院中盛开的月季

在房屋北侧，周围没有遮挡的明亮背阴处盛开的月季"阿尔弗雷德·卡里埃夫人""维多利亚女王"。地面种着玉簪。

可以利用上午的光照种香草

在只有上午能照到太阳光的半背阴花坛中可以种植香草。利用白墙的反射光，改良通风和排水后可以种植莳萝和罗勒。

藤本月季"威廉·洛布"伸展枝条沐浴着阳光,只需要接受西晒就能开花。地面是毛地黄、水甘草等适合半背阴环境的宿根草。

穿过梧桐树的阳光变得柔和,
树下开满了月季和"安娜贝尔"

因为西侧庭院旁边也有房屋,因此西晒只能持续几个小时。从明亮的背阴环境一下子变成了强烈的西晒环境,尽管环境十分不理想,但是春天的藤本月季和初夏的"安娜贝尔"依然能给庭院带来一丝清爽。用来弥补日照不足的是白墙反射的间接阳光,良好的通风和有机物丰富的土壤能帮助植物健康生长。关键在于改善日照之外的环境因素。当强烈的西晒让庭院变得干燥,植物叶片发生叶烧现象时,使用木屑和腐叶土进行护根栽培能有效改善状况。

种植了大棵喜欢半背阴环境的"安娜贝尔"

"安娜贝尔"的花色会从绿色变成白色(盛开时),在没有日照的时候也能给庭院带来明亮的色彩。"安娜贝尔"很少出现病虫害,不需要过多照顾,只需要在冬天进行修剪,是每年都会开花的"好学生"。

沉稳、自然的氛围

鞘蕊花、万寿菊"金发女郎"、巧克力波斯菊的棕色渲染出秋日的印象。大株虎掌藤也营造出安逸的氛围。

单独栽种的一棵梧桐的叶子开始变红，庭院中散发着满满的秋日气息。

用彩色叶子装点缺乏光照的秋冬庭院

　　庭院中的光照情况会随着季节发生变化。门前花园在初夏时有西晒，是半背阴环境，到了秋天会变成一整天都晒不到太阳的背阴处。茶色或紫色的朴素彩叶和在风中摇曳的巧克力波斯菊带来了秋日气息。夏天有些许日照的庭院北侧到了秋天，一整天都是明亮的背阴环境。月季果实开始变红，草叶和枫叶也相继变红，尽情展现秋日的风情。

调节高度和通风

将多盆茂盛的混栽植物放在一起后会形成阴湿环境，容易导致通风不良。可以将盆栽放在庭院中的桌上，提高盆栽的高度，产生层次感。

上图：水甘草的叶子开始变黄，小头蓼开出小花。左下图：富有光泽的细长果实是重瓣月季"半满阿尔巴"。右下图：藤本月季"保罗的喜马拉雅麝香"的圆球形蔷薇果。

北侧的光照也会随着季节发生变化

利用深度 30cm 的花坛和墙壁打造的庭院北侧区域。太阳高度较高的六月能得到一些日照，到了秋冬则完全晒不到太阳。秋意渐深，花叶地锦开始变红。

Garden_3

在朝北的小花坛中
种植月季和绣球花

●山本家

日照条件
位于房屋一角，北向的
花坛可以接收来自天空
和道路的间接阳光，是
明亮背阴环境。西侧花
坛是西晒的半背阴环境。

在半背阴处开放的淡粉色月季

月季品种是英国月季"瑞典女王"。
虽然不同品种有所区别，不过原
产于英国的月季大多可以在半背
阴环境中开放。

开放一季的藤本月季适合种于狭窄的花坛

因为藤本月季会向着阳光的方向伸展，所以在
北侧花坛也可以栽种。每年开一季花的月季花
朵数量多，非常适合这里的环境。

宇田川女士打造的另一处庭院是位于市中心的住宅。深度大约 30cm 的花坛中种着小巧的美耳草、三色堇（小花品种）、玉簪、月季和"安娜贝尔"等丰富的植物。玄关的北侧是明亮的背阴环境，西侧是每天有几个小时日照的半背阴环境。道路边通风良好的环境对植物有益，但是，夏天汽车的尾气会让花坛十分干燥。建筑物的墙壁和地基也会吸收花坛中的水分。所以，实际上并不像人们认为的"背阴处的花坛湿气重"那样，每周仍需要浇两次水才能保持滋润。

在并不优越的环境中，根部的伸展十分重要

就算在背阴处，只要在一月之前种下苗，根部就能充分伸展。如果种植时间太晚，根部就会虚弱，需要频繁浇水。图中小巧的多年生草本植物是美耳草。

比起三色堇的大花品种，小花品种更适应半背阴环境

三色堇小花品种花色丰富，花期很长，可以从冬天开到初夏，在半背阴庭院中也能随意栽种。虽然品种相近，不过三色堇大花品种更适合向阳处。

在容易干燥的墙边，浇水至关重要

墙壁的缝隙间有时能看到铁筷子，但是见不到不耐旱的玉簪。特别是在春季生长期，浇水至关重要。

Garden_4

从树叶间洒下的阳光滋润了月季，美丽的山间庭院

●绿玫瑰花园

通过适当修剪植株打造的月季园

当脚下盛开的初春花朵纷纷凋谢后，花园被嫩绿色包围，月季的季节即将到来。

"月季本身是喜光植物，所以当植株过于茂盛时，要注意分开枝叶，调节日照。"说此话的人是齐藤吉江。她是这座春秋两季向公众开放的花园的园艺师。

她在原有的植物中加入了自己喜欢的品种，通过适当地修剪打造适合月季开花的环境。每天，花园能晒到几个小时的太阳，阳光也能透过树叶照进园中，让月季可以在花园中开放。

尽管如此，四季都能开花的大花月季、杂交茶香月季只有在向阳处充分的阳光下，才能展现出独特的风情。也就是说，让月季在这座花园绽放的关键在于选择适合背阴条件的品种。在绿意盎然的地方，齐藤女士选择了原种的野蔷薇和玫瑰等品种。古老月季和向着阳光方向伸展的藤本月季是比较适合半背阴环境的月季品种。

在柔和的阳光下，月季不会被阳光晒伤。相反，它们能够被周围的植物滋润，开得沉静而优美。

日照条件
被树木包围的花园正中央是向阳处。四周是一天中能晒到几个小时太阳的半背阴环境，在没有光照的时间里，阳光会穿过树叶洒下。

树荫下的藤本月季和毛地黄

被落叶树包围的半背阴花园。毛地黄、麦仙翁在背阴处也可以开花，它们和藤本月季"群星"是这里的常规组合。

配合环境选择的合适月季品种，
可以在半背阴的庭院中盛放

　　因为月季的品种丰富多彩，所以能在半背阴环境中开放的月季也不少。在浓郁的绿荫中最活跃的品种是日本本土的野蔷薇和玫瑰，以及同属的园艺品种，这些品种能开出一丛丛小花。虽然这些月季品种花朵不华丽，但是数量众多，抗病能力强，生命力旺盛。

花朵数量多的簇生小花

费利西娅

众多重瓣小花成簇开放。生命力极强，花期从春天持续到秋天。

玫瑰品种

粉红葛鲁顿第斯特

像康乃馨一样的花瓣独具特色。生命力强，一年中多次开花。

紫花重瓣玫瑰

半重瓣玫瑰。在秋天之前都会零星开花，会结体积较大的果实，成熟快。

芭蕾舞者

单瓣小花点缀在枝叶间。花朵和果实数量很多，容易打理。一年中多次开花，也可以欣赏她结出的蔷薇果。

千笑

野蔷薇的园艺品种,秋天也会开花。
白色单瓣花朵显露可人的气质,花
朵比野蔷薇稍大。

安妮－玛丽·德·蒙特拉威尔

可爱、讨人喜欢的纯白小花惹人怜爱。花簇
生,每一簇花朵数量较多,花期一直延续到
秋天结束。

伊冯娜·拉比耶

白色杯状花朵簇生,品种特点是生有深绿
色的大叶片。从春天到暮秋多次开花。

马戈妹妹

花色是亮粉色,植株大约高60cm,十分华丽,
种在花园前面能够抓人眼球。

藤本月季会伸展修长的
枝条寻找阳光

即使从视线高度判断某一处是背阴的，视线之上有时也会意外地能照到阳光。藤本月季在两层房屋高度以上形成拱顶以追寻阳光，充分伸展枝条实现开花。而且许多品种都是在 60cm 以上的高度开花。也就是说，就算藤本月季植株的下方是背阴处，也能欣赏美丽的花朵。

在半背阴处静静绽放

"紫玉"在向阳处能开出大量华丽的花朵。在半背阴的环境中，尽管花朵数量会有所减少，但是依然能静静地绽放。图中的白月季是"藤本冰山"。

花朵数量多的月季"菲莉斯·彼得"

日本柳杉树下是每天只能晒到几小时阳光的半背阴环境。"菲莉斯·彼得"在这种环境下也能开得很茂盛。花朵的颜色从奶油色到肉粉色变化。

大树下，鲜艳的花朵生机勃勃

梨树下盛开的是开花时间较晚的月季"多萝西·珀金斯"。因为它会在日照较强的六月开花，所以半背阴环境是最适合其生长的。花朵生机勃勃，色彩鲜艳。

铁线莲也有蔓生性

与月季同时期开放，月季的好伙伴——铁线莲。它与月季一样会追随阳光伸展枝茎，在半背阴环境中也能开放，所以园中种植了各色品种。

可爱的"舞池"，铃铛形状的花向下开放。

"帕鲁赛特"花瓣是白色的，花心是紫色的，色彩搭配时尚清新。

初夏的多年生草本植物
才是半背阴庭院特有的美丽景色

　　初夏花朵十分美丽自不必说，这个季节的野草同样美丽耀眼。初夏开花，秋季叶子茂密的野青茅、锥托泽兰、玉簪，还有花期在春天结束的水甘草、菱莲，都因为四周树木形成的树荫而越发有光泽。绿树能为它们遮蔽初夏强烈的阳光，防止干燥。各种植物相互滋润，因此能长久保持叶片美丽的颜色。在一片新绿中邂逅白色的花朵又别有一番风情。

浮于背阴庭院中的落新妇
落新妇在英国花园和日本庭院中都是不可或缺的存在。轻柔的花朵给绿意盎然的庭院带来了一抹温柔。圆锥形的花穗同样令人印象深刻。

灌木山梅花
新绿掩映下的小白花气质清新。这种落叶灌木在日本能自然生长，在半背阴环境中也能开花，生命力强，容易打理。

覆盖园中小道，茂密的多年生草本植物

线条令人身心愉悦的绿色植物是野青茅。樱花树下小巧而充满活力的茂盛草丛是水甘草和带斑纹的姜莲等。多种多样的绿色景色十分宜人。

用来创造树荫的杂木

阳光灿烂的庭院有时会让人觉得乏味，而且夏日的阳光太过强烈。杂木可以让这样的庭院变成风格多样、有阳光穿过树叶洒下的庭院。

阳光穿过落叶树的树叶，光线恰到好处，树下可以种植喜阴植物。

树干笔直的落叶树有昌化鹅耳枥、日本小叶栎、日本紫茎、夏椿，枝干向侧面伸展的鸡爪槭、羽扇槭可以种在面积不大的地方。另外，树干从根部开始分枝的植物能体现杂木林的韵味，在面积较小的区域也不会带来压迫感。

如果您不喜欢秋天的落叶，干脆就使用不会落叶的常绿树。油橄榄、具柄冬青、光蜡树、常绿日本四照花都是叶片较小的树种，可以创造类似落叶树林间阳光的环境。

近来人气颇高的银粉金合欢和桉树（尤加利）生长速度快，因此枝干柔软，要注意避免它们在强风中被折断或者被连根拔起。另外，种植的关键在于选择不容易出现病虫害的树种。在新式大楼或公寓中种植物，它们是不错的参考。

落叶树

生命力强，
经常用作行道树或
楼间的绿化

日本小叶栎

树干有白色斑纹，笔直伸展，显得很清爽。春天会开出柔软的白花，秋天叶子会变成红褐色。

鸡爪槭"立泽"

叶子独特，叶脉清晰。春天到初夏时叶子是淡绿色，夏季是深绿色，秋季会变成橙红色。

昌化鹅耳枥

树形与榉树相似，但没有榉树大。纤细的枝条可以在小空间中营造杂木林的野趣。

羽扇槭

在槭树中属于叶片较大的品种，日文名字来源于"天狗的团扇"。秋天，叶子会被染成红、橙、黄多种颜色。

紫叶李

生有与绿树相映生辉的紫红色叶子；春天开白花，初夏结果；生长速度较快。

常绿树

完全不会落叶，因此不需要担心会有凌乱的落叶

具柄冬青

小小的叶子富有光泽，常年保持绿色。秋天到冬天会结出红色的小果实。枝条不会向旁边伸展，容易打理。

油橄榄

纤细的叶子呈现银绿色，色泽给人轻快的印象。生长速度快，耐旱能力强，易养活，能结果。

光蜡树

富有光泽的小巧叶片排列规律，给人清爽的印象。树形美丽，能长得很高大，因此需要选择合适的地点栽种。

另外，月桂、常绿日本四照花、台湾含笑、檵木等常绿树也能创造与落叶树树荫相近的树荫。

第 **3** 章

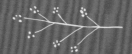

用来丰富背阴、
半背阴环境的植物

大多数喜欢背阴或半背阴环境的植物
都是山林中常见的灌木或野草。
虽然它们不像向阳处的植物那么引人注目，
但是背阴植物的组合能营造层次感和阴影。
其中也会有适合种在花团锦簇的明亮庭院中的植物。

适合昏暗背阴处的植物

八角金盘、青木等常绿树和荚果蕨、红盖鳞毛蕨、蜘蛛抱蛋等多年生草本植物适合被高墙或建筑物包围，没有阳光或间接阳光的环境。在这个季节里，蝴蝶花和阔叶山麦冬的花朵盛开。

充分利用富有个性的叶子形状、颜色和质感

　　像图中这样，位于与隔壁人家分界处的栅栏附近等房屋间的狭窄地带，由于长期晒不到太阳，容易形成背阴环境。而且深色栅栏等无法反射阳光形成间接光，就连泽八绣球也不容易开花。因为这里是昏暗的背阴处，可以种植颜色和形状都显得轻巧的掌叶铁线蕨、叶片带红色的掌叶铁线蕨等个性十足的植物来制造变化。如果仔细观察日照情况后发现有能接收到些许光照的地方，也可以加入开白花的白及等清爽的野草。

常绿树形成的昏暗背阴处

夏天太阳高照，常绿树下的昏暗背阴处很难长出像样的植物。但是冬天、春天太阳位置较低，就连修剪过下部树枝的日本柳杉树林深处也能晒到阳光，因此这个时候可以欣赏铁筷子和水仙花。因为这两个季节雨水较少容易干燥，所以要经常浇水。

❶ 铁筷子
❷ 水仙"悄悄话"

适合这种环境的
其他植物

● 朱砂根　● 紫金牛　● 秋海棠
● 荚果蕨　● 蜘蛛抱蛋　● 吉祥草
● 麦冬　● 顶花板凳果　● 虎耳草
● 蔓长春花

适合明亮背阴处的植物

玉簪、落新妇、铁筷子都是无法接受直射阳光，
可以在穿过树叶的阳光或间接阳光下生长的植物。
在明亮背阴处，带斑纹的叶片颜色会更加鲜艳。

柠檬绿和白色的小花带来一抹亮色

　　照片中是槭树等落叶乔木下。灌木蜡瓣花原本喜欢向阳处或半背阴环境，但是这里的"春日黄金"最适合种在晒不到直射阳光的明亮背阴处。如同闪烁着荧光的柠檬绿色叶片衬托着旁边小萼绣球的洁白。这里的羊角芹是带斑纹的品种，所以整个植株显得轻盈明快。白色和绿色的配色简洁，加入阔叶山麦冬"巨人"后，细长的叶子带来了更多变化。

1 蜡瓣花"春日黄金"
2 小萼绣球"花影"
3 铁筷子
4 阔叶山麦冬"巨人"
5 羊角芹

适合这种环境的其他植物

● 棣棠
● 栎叶绣球
● 泽八绣球
○ 白及
● 槭叶蚊子草
● 落新妇
● 台湾油点草
● 仙客来园艺品种
● 筋骨草
● 野芝麻

树下也是看点之一

柑橘"甜夏"的果实变黄时，足摺野路菊也开出了可人的花朵。因为柑橘"甜夏"是不会过于茂盛的常绿树，所以树下几乎整日都能保持明亮背阴的环境。这种环境非常适宜，羊角芹叶子上的花纹鲜明，而橐吾则富有光泽。各种植物配合着中间苔草细长的叶片，让这个小空间充满生机。

6 大戟"费恩斯红宝石"
7 足摺野路菊
8 橐吾
9 苔草
10 柑橘"甜夏"
11 羊角芹

适合半背阴处的植物

喜欢半背阴环境的植物在一天之内只需要照到几个小时的太阳就能健康生长。

也可以种植有一定耐阴性的植物，所以植物的多样性一下子丰富了很多。

形状、质感各异的植物将小路点缀得多姿多彩

落叶树在小路上洒下树荫。充分利用半背阴环境的灌木丛以观叶植物为主。颜色和形状都很独特的麻兰种在藤本月季的拱门前，大叶片的玉簪、叶片纤细的落新妇、条状叶片的阔叶山麦冬，铺在小路两侧。鸭儿芹"紫三叶"等植物的铜色叶片让五月的新绿更加鲜嫩。叶子不同的颜色、形状和质感形成层次感，红色的矾根和淡紫色的紫菀适当增添了色彩，黄菖蒲则作为色彩的调和剂。

1 麻兰
2 黄菖蒲
3 天蓝绣球"穆迪蓝"
4 紫菀
5 鸭儿芹"紫三叶"
6 玉簪
7 铁筷子
8 落新妇
9 阔叶山麦冬
10 虎耳草

11 水甘草
12 蕾丝花
13 月季"雅曼医生的回忆"
14 三色堇（小花品种）
15 柔毛羽衣草
16 铁筷子
17 黄水枝
18 毛地黄"杏子"

适合这种环境的
其他植物

● 马醉木
● 栀子花
● 北美鼠刺
● 山梅花
● 安娜贝尔
● 山绣球
● 水甘草
● 打破碗花花
● 勿忘草

各种绿色颇具层次感，花色雅致

因为旁边建筑遮挡而处于半背阴环境的 1m 深花坛。中间靠前的是柔毛羽衣草和铁筷子，后方比较高的是月季和毛地黄，以及茂盛的水甘草等适合半背阴环境的多年生草本植物。利用植物不同的高度营造有层次感的花坛。同时加入了三色堇（小花品种）、蕾丝花等有一定耐阴性的一年生草本植物，让五月的花坛显得娇嫩水灵。花坛中使用了花色深沉雅致的植物。

叶子颜色丰富的植物

到了播种的季节，市场上流通的花苗大多是喜光品种。这时我们要充分利用彩色叶片和带斑纹的叶片带来的变化。就算花苗的花期短，落叶植物的彩色叶片在叶子寿命终止前，也就是从春天到秋天，都能展现美丽的颜色。如果选择了常绿植物，在冬天也能欣赏绿色的叶片。

明亮的叶子颜色，带斑纹的叶片，能够让昏暗的空间变亮，单独种一棵灌木可以起到聚光灯的效果。使用此类地被植物可以让脚下变得明丽起来。但是，如果种植地点过于昏暗，叶子颜色会变得暗沉，斑纹可能会消失，变成纯绿色。相反，如果日照过多，柠檬绿色或者颜色发白的叶子、带斑纹的叶子容易发生叶烧现象，要特别注意。

柠檬绿

像荧光色一样的黄绿色配合常绿灌木的深绿色，营造层次感。

蜡瓣花"春日黄金"
新芽是黄金叶，随着成熟的过程逐渐变化。

金丝桃"金色农场"
珍贵的柠檬绿色品种。有一些金丝桃品种到了秋天叶子会变红。

铜叶

紫红色或红黑色的叶子营造平静的氛围，能够起到衬托周围鲜艳绿色叶片的效果。

鸭儿芹"紫三叶"
可以通过散落的种子繁殖，可以种在狭窄的地点。颜色偏深的叶子能营造沉稳的氛围。

锥托泽兰"巧克力"
长着叶子的根部发黑，能衬托叶子的明亮。秋天开白花。

带斑纹

花纹的大致类型从夸张的形状到细小的斑点都有，种类多样。在过于昏暗的环境下培育，叶子的花纹会逐渐变得模糊。

玉簪
叶片斑纹像用笔画出来的一样清晰，在一片深绿中很突出。

肺草"武士"
叶子有极具个性的银白色斑纹，在直射阳光下容易发生叶烧现象。

羊角芹
小巧的叶子能起到衬托周围植物的作用。最适合种在其他植物根部，能够将人们的视线吸引到这片昏暗的空间。

其他

将红色和黄色，以及有各种花纹的鲜艳植物作为重点。使用同色系的颜色会显得更整洁。

鞘蕊花
上图：有的品种叶子颜色丰富，花纹复杂。黄色的叶子很适合凸显深秋庭院的韵味。因为叶子的根部发红，所以适合与紫红色的油点草花搭配。
下图：色彩鲜艳的红色。如果种在宽敞的空间，使用同一品种效果更好。可以欣赏和紫苏科植物相似的花穗。

矾根
有独特的颜色渐变。有各种各样的品种，如柠檬色的、铜色的、棕色的等。

按照形状和质感选择植物

在庭院中加入了与藤本月季截然不同，笔直形态的植物——藤本月季的花园中不可或缺的毛地黄。选择不同种类的植物相邻，可以相互凸显彼此的特点，营造空间的变化和层次感。选择植物的重点在于叶子和花的大小、形状和质感。比如在圆形叶片植物的旁边种植条形叶子的植物，将叶片光滑的植物与茸毛质感叶片的植物组合等。只要注意搭配不同高度和姿态的植物，就算只有绿叶植物也能够打造变化丰富的花园。

大型毛地黄与藤本月季

毛地黄在半背阴环境中也能盛开，搭配了花朵小巧可人的藤本月季"群星"。毛地黄有重量感的花穗形成刚硬的纵向线条，藤本月季形成柔软的横向线条，这种对比令人印象深刻。

温柔的线条和冲击力强的叶片

延命草、大戟"冰霜钻石"、黄水枝、巧克力波斯菊都是枝条柔软的植物，与棱角尖锐的深色虎掌藤形成鲜明的对比，凸显彼此的特征。

蕨类植物让昏暗的背阴处变得靓丽

尽管泽八绣球的花朵数量不多，但是昏暗的空间能凸显红盖鳞毛蕨纤细的锯齿状叶片，以及掌叶铁线蕨轻柔的质感。

叶子的游戏

从左边看去，开着红花的矾根下藏着鸭儿芹"紫三叶"和细长的阔叶山麦冬。旁边是垂下小巧叶片的千叶兰和三色堇（小花品种）。蕨类和麦冬的花盆相邻，可以欣赏多种多样的叶子。

观叶植物的小路

春天有水甘草、蘘荷盛开的小路。花期结束后，紧接着就能看到茂盛纤细的叶片、卵形的叶片以及轻盈细长的叶片等。清爽的观叶植物延伸向远方。

创造焦点

　　了解了适合背阴、半背阴环境的植物后，下面让我们来挑选作为焦点（亮点）的植物吧。应季的美丽花朵自然是最合适的选择，不过生命力强，总是保持着美丽姿态的植物也是不错的。如果选择叶子有魅力的多年生草本植物或灌木，就可以让它们作为任何季节的焦点。确定焦点后，再一一选择能够衬托焦点的植物或者能与之和谐搭配的植物，就能自然而然地完成庭院设计。

浮于绿波之上线条刚硬的红色叶子

常绿树的脚下是日本安蕨、粗茎鳞毛蕨、玉簪等植物组成的观叶植物一角。柔软的大叶片与弧形的叶子重重叠叠，朱蕉在其中划过充满张力的尖锐线条。

娇嫩优雅的玉簪

玉簪的宽大叶子像波浪一样此起彼伏，比鲜花更吸引人。宽敞的庭院可以种植大株玉簪作为焦点。种在面积小的空间时，就算只有小巧的花朵零星点缀，柔软娇嫩的叶片也能成为重点。

和谐而令人印象深刻

大荚果蕨、白色苏丹凤仙花和红叶共同组成了庭院中的焦点。苏丹凤仙花到了秋天会愈发娇嫩，而红叶能让人感受到季节的更替。

浮现在深绿丛中的花穗

落新妇的花穗柔软而蓬松。在稍显昏暗的地点，种在质感刚硬的叶子旁，能够凸显落新妇的特点。但若数量太少会显得羸弱，所以通常一次栽种多株来突出存在感，使其成为庭院中的焦点。

应季花朵和有美丽叶片的灌木

左图：打破碗花花不需要打理，到了秋天就能开出美丽的花朵。春天的虾脊兰，夏天的百子莲和紫斑风铃草，秋天的台湾油点草、大吴风草等都不需要过多打理就能开出美丽的花朵。

右图：灌木栎叶绣球"小可爱"不开花的时候，柠檬绿色叶子的颜色和形状也能引人注目。带斑纹的泽八绣球等灌木也有很高的长期观赏价值。

打破碗花花

栎叶绣球"小可爱"

落叶树下是野草的摇篮

日照环境会随着季节发生变化。特别是阳光从树叶间穿过的落叶树庭院，树木落叶后就无法遮挡阳光了。与落叶树林一样，从冬天到万物复苏的春天，落叶树庭院的树下会成为最适合春季野草，以及郁金香、铁筷子等生长的地方。到了夏季花期结束后，有些野草的地上部分就会消失，如鹅掌草、猪牙花等，还有一些植物到了秋天叶子会变红，比如淫羊藿。像铁筷子那样的常绿多年生草本植物在开花后也能成为庭院中一道亮丽的色彩。

能长时间欣赏的铁筷子

品种丰富、花期长久，1—4月都能欣赏花朵。可种在大楼之间等环境干燥的明亮背阴处，不过落叶树脚下才是最适合它们的地方。

让春天变得丰富多彩的小花们

❶ 血水草　可爱的野草。心形叶片可以茂盛生长到暮秋时节。

❷ 董菜　丛生时，叶子可以形成"绿茵场"。

❸ 淫羊藿　花朵形状独特，秋天可以欣赏红叶。画面最前方是虎耳草的叶子。

❹ 鹅掌草　白花楚楚动人。初春开放，夏天地上部分会消失的一个品种叫作"春日妖精"。

郁金香娇嫩水灵

在刚发芽的月季脚下盛开的是郁金香"黄春绿"和铁筷子。小路边是开紫色小花的堇菜。

能够种在半背阴、明亮背阴处的喜光植物

　　市场上出售的用来装饰花坛等的植物大多是喜光植物，不过有相当一部分品种可以种在半背阴或明亮背阴处，若想要增加鲜艳度和季节感，这些植物十分重要。不过，喜光植物种在半背阴或明亮背阴处后开花数量会变少，所以诀窍是选择花朵数量多、生命力强，以及尽可能接近原种的品种。另外，种在花盆里时，在注意根据情况进行移动、改变高度的同时，要仔细观察日照情况和植物的状态。

　　比如从初冬到暮春开放的三色堇（小花品种），花色丰富易于搭配，比三色堇（大花品种）耐阴性更好。从夏天到秋天不断开花的繁星花生命力也很强，能够种在半背阴环境中。矮牵牛可以种在日照时间尽可能长的半背阴环境中。花色较少，从夏天到秋天开放的鞘蕊花在半背阴处或明亮背阴处也能维持美丽的叶子颜色。颜色、形状、大小变化多样的羽衣甘蓝是冬日背阴处不可或缺的植物。

　　另外，春天的勿忘草、蕾丝花，夏天到秋天的蝴蝶草、万寿菊、青葙都是不错的选择。在向阳处难以度过夏天的翠雀、巧克力波斯菊也推荐种在半背阴的庭院中。

营造秋日气息

适合种在向阳处的植物花色丰富。这里通过加入茶色系的万寿菊"金发女郎"和巧克力波斯菊，凸显了庭院整体的秋日气息。

从暮秋到春天十分活跃的三色堇（小花品种）

花期长，花色丰富多彩。从向阳处到明亮背阴处和
半背阴处，三色堇（小花品种）都是庭院中不可或
缺的色彩。

矮牵牛

与种在向阳处相比，花朵
数量有所减少，不过因为
花色协调，很适合在想要
为夏季的半背阴庭院增加
色彩的时候种植。

青葙

花穗小巧的青葙非常容易
适应环境。特点是拥有独
特的花形、有光泽的花色。

繁星花

花期漫长，从初夏持续到初冬。在半背阴环境
中，植株也能长得较大，所以栽种时要在植株
间留下足够的空隙。

第 4 章

如何打造美丽的庭院

本章将向大家介绍背阴环境中关键的

改良土壤和浇水、种植、树木的修剪等方法。

这些都是打造背阴庭院时会用到的基础知识。

另外，本章将定点观察能看到

每个季节独特魅力的背阴庭院，以追随景色的变化。

打造背阴庭院的基础

配制适合喜阴植物的土壤

对任何植物来说，土壤都是至关重要的。喜阴植物生长在森林等野生环境中时，土壤中堆积着落叶，富含有机物。也就是说，在培育喜阴植物时，富含有机物的土壤是必需品。在庭院中栽种植物前，请在土壤中加入腐叶土进行改良吧。除了腐叶土之外，也可以使用树皮堆肥、马粪堆肥和牛粪堆肥等改良土壤。

富含有机物的土壤排水性好，能够保持适当的湿度，且因含有空气而蓬松。改良土壤时，腐叶土和堆肥大约占土壤整体的三成，提高通气性和排水性的炭粒大约占一成。种在花盆中时可以加入赤玉土。

雨后不容易干燥、始终蕴含湿气的土壤中可以额外加入两成沙土，使土壤蓬松增强排水性。另外，较干燥的土壤可以加入占整体土壤两成的赤玉土和黑钙土混合物，提高保湿性。

在非常昏暗的环境中，仅仅靠改良土壤不能解决问题的情况下，可以借助有补充矿物质、调整 pH 值、净化水质等功效的改良材料。

材料

腐叶土
落叶和小枝条堆积后完全发酵的产物。富含有机质，虽然营养不如堆肥丰富，但是可以代替堆肥。

炭粒
通气性、排水性好，可以让空气和水分更好地浸透土壤。多孔结构，有很多细小孔洞，可以成为微生物的家园。

马粪堆肥
除了植物性的腐叶土之外，也可以使用动物性的马粪堆肥或牛粪堆肥。

❶ 为需要进行土壤改良的地点松土。

❷ 在经过 ❶ 处理的土里加入约占整体土壤三成的腐叶土和一成的炭粒。

❸ 混合。

❹ 彻底混合均匀后，土壤改良完成。

栽种多年生草本植物

　　土壤改良完成后，开始栽种花苗。就算很小的植株也会长大，所以要在植株间充分留出空间。另外，布置栽种位置时还要考虑生长后的植物高度。

❶ 将花苗放在想要栽种的地点。

❷ 挖出一个相当于植株体积 2~3 倍的洞，去掉土中陈旧的根和石头等。

❸ 从花盆中取出花苗，稍微弄松根部。如果是像萝卜那样的直根系植物则跳过这一步即可。

❹ 移植时加入大约三捧堆肥（腐叶土）。

❺ 插入花苗。

❻ 用手压花苗旁的土，但不要把土压实，保证植株稳定后浇水。

多年生草本植物的组合

　　人们会习惯性地认为背阴处只有一片深绿色，其实加入带斑纹的彩叶植物就能变得亮丽了。不过，大多数银绿色叶片的植物不适合种在背阴处。选择花色时可以按照自己的喜好，一般来说，在昏暗的庭院中种植明亮色调的植物能够营造温柔的氛围。

　　照片中是种着铁筷子的冬日花坛，栽种了逐季开花的花苗。照片前方是春天开放的三色堇（小花品种）和金盏花的一年生开花苗，还有五月开放的毛地黄和夏天开花的刺芹，并且加入了叶子带斑纹，能在一年中保持美丽的大吴风草和芒等多年生植物。

在真正寒冷的季节到来前，种下春天用的花苗，植株的根就能充分扩张，健壮成长。

水浇在植株根部。

给背阴处植物浇水的注意事项

　　水要浇到根部，如果只浇叶子，根部可能依然干燥。另外，在四面被包围，通风不好的背阴处，建筑物或围墙的水泥会吸收水分，因此根部容易干燥。墙壁周围的花坛同样是容易干燥的区域。无法淋到雨水的背阴处，土壤也容易干燥。因为空气和土壤中的湿度不同，判断土壤中的湿度时最好能够挖出一些土来确认。阳台的空气比较干燥，所以可以给盆栽的叶子也浇一些水。

多年生草本植物的施肥

　　在种植时大量使用腐叶土和堆肥，其他时间尽量少用肥料。如果希望植物多开花，可以在出芽前和花期结束后加一些缓效性肥料。肥料可以洒在花苗周围，也可以埋入土中。

将缓慢释放肥力的肥料放在植物根部旁。

可以应对炎热和干燥，也可以防冻。

适当护根

　　喜阴植物要注意叶烧现象，即组织被破坏导致枯萎。出现这种情况时叶片会发白或发褐，主要是夏季的炎热和干燥引起的。较强的西晒也会引起叶烧现象。采取护根的方式可以防止叶烧现象，用腐叶土和堆肥在植物根部铺 2~3cm，这种方式还可以在冬天为植物防冻。

剪花枝

人们通常认为草花在盛开后就会衰败，其实可以通过剪花枝延长开花时间，让植株二次生长。在耧斗菜的花期结束后，从每一枝开完花的枝条上依次剪下一朵花，福禄考则从侧芽上方剪下花。勿忘草会在开花过程中徒长，枝条变得杂乱，并且结出种子，所以要从根部附近剪断让它二次生长。

福禄考，从侧芽位置上方剪下花朵。

耧斗菜，在花期结束后，从每一枝上剪下一朵花。

勿忘草，从根部附近剪断，使其再生。

多年生草本植物的修剪

不同植物的修剪时期和方法各有不同。一般来说，秋季时地面部分枯萎的多年生草本植物大多需要在枝叶茂密杂乱后进行修剪。比如铁筷子，在十月左右修剪较好。

以芒为例
虽然芒四季常绿，一年中几乎看不出变化，但是叶子经常会过于密集。
只要注意到，就修剪。

❶ 仔细观察会发现，枯萎的叶子较多，还有剩下的枯花。

❷ 去除枯萎的叶子，将过于茂盛的叶子从根部间隔着剪下。

❸ 也可以不间隔而全部剪去，但是这样会留下修剪的痕迹。

❹ 间隔修剪后，植物的形态更加自然。

以常绿屈曲花为例

常绿屈曲花不喜欢夏季的炎热天气，因此在春天花期结束后进行修剪，然后放在背阴处管理。如果叶子过于茂盛，随时进行修剪。

① 修剪过于茂盛的枝叶和枯萎的枝条。

② 枯枝要从新芽上方剪去。

③ 如果枝条较多，可以间隔着修剪。

④ 尽管费工夫，但是细心打理后会给人留下自然的印象。

多年生草本植物的分株移植

盆栽的植株过于密集时，或者植物长得过大，太靠近旁边的植物时就要进行分株。从土壤中挖出植株，分成小株后再次植入花盆。

① 挖出过大的植株。

② 挖出的植株。如果地上部分的体积很大，根部也会很大。

③ 按照移植位置的面积大胆切开植株。

④ 植入分开后的植株。

植物最需要阳光的时间段

　　就算选择了符合花园日照环境的植物，如果出现阳光不足、长势不好的情况，也需要改善环境。如果是花坛，可以利用砖块抬高土壤，稍微改变植物的高度就能改变日照环境。如果庭院排水不好、长期潮湿，这种方法可以同时改善土壤的排水和通风。如果是盆栽，可以移到花台或桌子上，或者使用叠放两个花盆、吊挂等方式使植物更好地接受阳光。另外，利用墙壁反射的间接阳光效果也不错，浅色墙壁能更好地反射阳光。

使用吊挂的方式将植物移到较高的位置

挂在明亮背阴处的吊篮。搭配结红色果实的紫金牛和黄金色叶子的延命草，在冬天也能营造明亮的印象。

叠放花盆提高高度

通过叠放花盆，或者将花盆放在花台上，可以提高植物高度、改变其周围亮度。花盆摆成一排的花会互相遮挡阳光，为了避免遮挡，要降低前方的花盆高度，提高后方的花盆。

打造深花坛

将花坛提高到距离地面 10cm 的高度就能极大地改善日照情况。足够深、土量多的花坛更适合根部扩张，有利于植物茁壮成长。

选择白色墙壁

将墙壁刷成白色，将花盆移到墙壁附近后就能得到充分的光照。墙壁反射的间接阳光效果很好。

树木养护

　　用多年生草本植物、灌木、杂木等打造自然风花园时，让树木保持自然形状的同时，进行修剪是重点。不需要像日本庭院中的树木那样修剪成固定的形状。可以趁着枝条娇嫩、长势好的时候找出会打乱树形的枝条，在不妨碍生长的前提下进行修剪。

　　修剪的参考时期：修整落叶树树形一般是在 12 月至来年 2 月，如果想要彻底修剪就要在 1—2 月进行。修整常绿树的树形一般在 10—11 月，彻底修剪要在 3 月进行。需要注意的是，冬天会落叶的常绿树，如果在寒冷的季节深度修剪的话，可能会造成植株枯萎。

需要修剪的枝条

Ⓐ 横叉枝
在主干左右对称生长的枝条。

Ⓑ 徒长枝
节与节之间过长，像飞出去一样伸长的枝条。

Ⓒ 内生枝
靠近主干，横出来的枝条。如果妨碍日照、通气，树枝变虚弱的话，需要修剪。

Ⓓ 交叉枝
在横向生长的枝条上与其他枝条交叉的直立枝条。

Ⓔ 枯枝
没有叶子的枯萎枝条，可能会生虫或被风吹断。

Ⓕ 逆生枝
与自然的树形逆向生长的枝条。

Ⓖ 干生细枝
从主干中间直接伸出来的细枝条。

Ⓗ 重枝
又叫平行枝，多条以同样的方向和长势生长的枝条。

Ⓘ 缠绕枝
与周围的枝条缠在一起的枝条。

Ⓙ 垂枝
下垂的枝条。

Ⓚ 笋枝
根部附近生出的细枝。有时可以留下用于分株。

创造背阴处的树木的修剪

　　绿玫瑰花园中有很多乔木。它们都保持着自然的树形，不过因为下部的树枝都已经被剪掉，所以走在庭院中并不需要担心被树枝打到。如果保留下部的树枝就可以形成丰富的阴影，不过高处的树枝同样可以形成淡淡的阴影。

　　树木生长的速度不同，打理的时期也不同。野茉莉、紫叶李、日本四照花等树木过于茂密后，树荫会变浓，这时就需要间隔着修剪树枝。日本花楸需要频繁修剪。需要在冬季休眠期修剪的常绿树有日本女贞和香橙树。日本女贞生长速度快，所以树下容易形成昏暗的背阴处。香橙树也一定要在收获果实后进行修剪。梅树会势头很猛地长出新枝，因此每年都要修剪。栲叶槭需要每三年修剪一次大枝。

　　剪下的枝条可以做成花苗的支柱，或者编起来做成篱笆，这些自然材料和庭院搭配起来十分和谐。

刚刚修剪过的野茉莉，为玉簪和铁筷子提供到恰到好处的阳光。

日本花楸的新枝遮挡住五月的阳光。这株日本花楸刚刚修剪过下部的枝条。

紫叶李紫红色的叶子成为庭院中的亮点。

栲叶槭的嫩绿色格外美丽，生长旺盛。

能够持续到下一季的风景

从脚下的色彩到
上方的月季

这是一年中最灿烂的季节。从长椅四周到头顶上方的景色每天都在发生变化。

春

花朵在阳光充足的落叶树脚下盛放。主角是郁金香"雷姆的最爱",盛开的小花是勿忘草。筋骨草和点缀其间的欧亚香花芥同样是美丽的蓝色系花朵组合中的一员。

初夏

一个月后,庭院被嫩绿色包围,看点从脚下延伸到头顶上方。长椅上如雨伞一样张开的白色月季是"繁荣"。白色月季和嫩绿色的蜡瓣花"春日黄金"的组合十分清爽。作为点缀的粉色花朵是高地黄。

很多人都希望打造出能够随着季节的变化不断出现新风景，富有季节感的背阴庭院。如果太拘泥于背阴环境，就容易倾向于选择常绿树，其实搭配喜阴的多年生草本植物和有耐阴性的一年生草本植物就能打造出景色多样的庭院。本章选择了绿玫瑰花园进行定点观察，向大家介绍随着季节不断变化的背阴处、半背阴处植物和风景。

野茉莉下的野草
传递了季节的信息

在野茉莉脚下，荚果蕨和玉簪逐渐改变着姿态，描绘出不同季节的花与风景。

春

刚刚发芽的野茉莉树下。沐浴着温暖阳光的是郁金香、铁筷子、堇菜等。荚果蕨的叶尖还卷曲着，黄菖蒲的叶子笔直挺立着，还可以看见刚从冬天醒来，颜色鲜艳的玉簪。

暮秋

修剪过铁筷子的叶子后，紫菀"香薄荷"探出了身子。在可爱的紫花旁边，玉簪带来了黄色，芒垂下花穗。小路上的落叶同样是这个季节的色彩之一。

初夏

郁金香的叶子已经落下，阳光穿过野茉莉茂密的树叶，洒在铁筷子、荚果蕨和玉簪上。强健的绿色中，黄菖蒲开出的黄色花朵为庭院增添了一抹凉意。在郁郁葱葱的绿色中，植物们已经开始为下一个季节做准备。

喜欢半背阴环境的福禄考和小头蓼

初夏，嫩绿树荫下的粉色小花吸引了人们的注意。这是可爱的福禄考，还有颜色和形状都很独特的观叶植物。

初夏

点缀着粉色小花的厚叶福禄考"比尔·贝克"，是修剪后可以反复欣赏花朵的多年生草本植物。搭配可爱小花的有异国风情的小头蓼"银龙"，是颜色和形状都很有冲击力的观叶植物。

秋

当华丽的福禄考花朵隐去，只留下叶子的时候，小头蓼"银龙"开出了小巧的白花。当周围的植物逐渐枯萎时，苔草和麦冬等常绿植物成了庭院中唯一的色彩。

初夏

绿意盎然的是打破碗花花、水甘草、玉簪和阔叶山麦冬。月季盘绕在上方，几乎将小路淹没。福禄考、耧斗菜、月季开出粉色的花朵，百合含苞待放。

夏季郁郁葱葱，
秋天叶片金黄的小路风景

庭院风景从郁郁葱葱的树木，绿意盎然的野草转变为秋日色彩。黄色的叶子增加了秋季风情。

暮秋

玉簪开始变黄、落叶，逐渐展现充满野趣的风景。一年生草本植物彩叶草"月光"仿佛引着客人走过小路，衬托红叶的色彩。油点草和紫菀"香薄荷"是这个季节少数开花的植物。

利用外部建筑创造背阴处

还有一个方法可以创造出让人安心的美丽背阴环境，这就是利用篱笆或者花架（供藤蔓植物缠绕的架子）等创造背阴环境。在自然的草木风景中加入人造物，庭院的氛围也会发生巨大的变化。

白色木香花在花架上盛开

新家的庭院朝南，是几乎没有背阴处的开放式庭院。主人为了在露台种植长大的木香花搭起了这个花架。将木香花引到花架上，然后在木香花的树荫下摆放花园桌椅。虽然春天的阳光已经很强，不过有了花架创造的树荫，这片露台也可以当成客厅使用了。

白色木香花会在每年春天开花，花开一季，是不易出现病虫害，不需要过多打理的月季品种。花开后芳香四溢，香味甚至可以弥漫到房间中。

光线很好的住宅。虽然木香花是常绿植物，不过因为叶片小，只会创造恰到好处的树荫，所以可以缓解夏季露台的炎热。

因为篱笆朝向东南，午后，阳光会照进篱笆内侧。因此种上了械树和灌木创造树荫。

篱笆内侧是背阴庭院

篱笆立在住宅和停车场之间。用作遮挡视线的篱笆朝向东南，内侧是沉静的背阴环境。阳光透过横板的缝隙，使篱笆内侧成为很适合耐阴植物生长的环境。

在一定的时间和位置会有阳光射入。中间圆形叶片的植物是大吴风草。粉花绣线菊和泽八绣球在四季中不时地开出花朵。

篱笆内侧种着菱莲、铁筷子、阔叶山麦冬等耐阴植物。由于阳光恰到好处，所以叶片水灵鲜嫩。

第 5 章

能够种在背阴处的
植物图鉴

本章将植物按照高度分类，

方便大家根据打造庭院的计划选择合适的品种，

有的适合种在纵深较深的庭院中作为背景，

有的适合种在玄关周围的小空间中。

本章选取的植物主要为适合种在背阴处的植物，

不过也包括既适合向阳处也适合背阴处的植物。

请大家务必将本章的内容作为选择植物时的参考。

作为背景或
标志的植物

高 3m 以上

P84~91

作为中景的
植物

高 40~100cm

P92~107

作为前景的
植物

高 40cm 以下

P108~125

图鉴
使用方法

植物名称

会介绍学名、一般名称、通用名。

拉丁学名

属 + 种

限定品种时会明确列出品种名称。介绍多种植物的情况下只会标注属名。

山茶

Camellia japonica

能在花朵较少的冬天开放，色彩鲜艳。叶子肥厚，深绿色，有光泽。品种多样，耐寒性、开花期、植株高度各有不同。生长速度慢，种在花盆中可以保持小巧的形态。原本适合种在向阳处，不过在背阴处也能生长，喜欢没有西晒、尽可能明亮的背阴处。植株基部光线昏暗，适合种植苔藓。要注意冬天如果吹来干冷的风，花蕾会脱落，植株会枯萎。花期结束后要尽早修剪。

┃ 数据 ┃

※ 日照：**明亮背阴处、半背阴处**

- 科名：山茶科　● 别名：山椿、茶花
- 形态：常绿乔木　● 原产地：日本、朝鲜、中国
- 高度：5~10m　● 冠幅：1~5m
- 耐热性：◎　● 耐寒性：◎
- 土壤干湿度：适当→潮湿
- 观赏时间　花：11—12月，2—4月

日照

将适合植物的栽培条件分为背阴处、昏暗背阴处、明亮背阴处、半背阴处四种。

※ 适合在向阳处栽培时不会明确标注。
※ 因为每个季节的日照条件会发生变化，本书选择了植物生长最活跃的夏季日照条件作为标准。落叶树下的明亮背阴处、半背阴处在冬天会成为向阳处。

科名

园艺学上的分类。

别名

英文名、通称、商品名称等。

形态

标注该植物的形态，比如落叶灌木、常绿乔木等。

原产地

植物的原生地点，园艺品种会标注原种植物的代表性原生地域。

高度 · 冠幅

栽培后普遍能达到的植株高度和冠幅。

耐热性 · 耐寒性

分为三类：△表示较弱，○表示普通，◎表示较强。

土壤干湿度

分为三类：稍干、适当、潮湿。

观赏时间

花、果实、叶子的观赏时间。

※ 本书的数据以日本关东到关西的平原地区的数据为标准

山茶

Camellia japonica

能在花朵较少的冬天开放，色彩鲜艳。叶子肥厚，深绿色，有光泽。品种多样，耐寒性、开花期、植株高度各有不同。生长速度慢，种在花盆中可以保持小巧的形态。原本适合种在向阳处，不过在背阴处也能生长，喜欢没有西晒、尽可能明亮的背阴处。植株基部光线昏暗，适合种植苔藓。要注意冬天如果吹到干冷的风，花蕾会脱落，植株会枯萎。花期结束后要尽早修剪。

> **数据**
>
> ☀ **日照：明亮背阴处、半背阴处**
>
> - 科名：山茶科　● 别名：山椿、茶花
> - 形态：常绿乔木　● 原产地：日本、朝鲜、中国
> - 高度：5~10m　● 冠幅：1~5m
> - 耐热性：◎　● 耐寒性：◎
> - 土壤干湿度：适当→潮湿
> - 观赏时间　花：11—12 月、2—4 月

结香

Edgeworthia chrysantha

这是长新叶前先开花，富有野趣的春日花木。小花聚集成半球形，向下开放，花朵有香气。树皮是优质的和纸原料，可以用来制作纸币。枝条一定会分成三枝，自然条件下长成的树形低矮美丽，只需要适当修整。适合种在向阳处或明亮背阴处，小树苗不喜欢直射阳光，所以最好种在落叶乔木的根部等位置，在周围种上春天开花的球根植物等。

> **数据**
>
> ☀ **日照：明亮背阴处、半背阴处**
>
> - 科名：瑞香科　● 别名：蒙花、黄瑞香
> - 形态：落叶灌木　● 原产地：中国
> - 高度：1~2m　● 冠幅：1~3m
> - 耐热性：◎　● 耐寒性：○
> - 土壤干湿度：适当→潮湿
> - 观赏时间　花：3—4 月

具柄冬青

Ilex pedunculosa

结实的叶片朝下，在风中轻轻摇曳。小巧的果实成熟后会变成大红色，映衬着深绿色的叶子，成为冬日庭院中的亮点。因为雌雄异株，所以如果雌雄植株相隔较远就无法结实。生长速度较慢，枝条不会横向伸展，树形不易乱，所以是想在狭窄区域种植较高树木的人的不错选择。经常被用作行道树，在常绿树中属于耐寒性较强的。

> ### 数据
>
> ☀ **日照：明亮背阴处、半背阴处**
>
> ● 科名：冬青科　● 别名：冬青
> ● 形态：常绿乔木　● 原产地：日本
> ● 高度：5~10m　● 冠幅：0.5~2m
> ● 耐热性：◎　● 耐寒性：◎
> ● 土壤干湿度：适当→潮湿
> ● 观赏时间　果实：10月至来年2月

八角金盘

Fatsia japonica

伸展的大树叶形状像手掌。暮秋时会开出一丛丛白花，与有光泽的深绿色叶片相映生辉。野生八角金盘生长在日本关东以西的背阴森林中，是常绿灌木，从很早以前开始就被用在背阴处的庭院中。因为植株会横向扩展，所以不适合种植在狭窄的地方，但巨大的叶子在想要遮挡视线的地方很有用处。生命力强，不需要打理。白色和黄色斑纹的品种很亮眼，可以成为昏暗背阴处的焦点。

> ### 数据
>
> ☀ **日照：昏暗背阴处、明亮背阴处、半背阴处**
>
> ● 科名：五加科　● 别名：八手、手树
> ● 形态：常绿灌木　● 原产地：日本
> ● 高度：2~3m　● 冠幅：2~3m
> ● 耐热性：○　● 耐寒性：◎
> ● 土壤干湿度：适当→潮湿
> ● 观赏时间　花：11—12月

青木

Aucuba japonica

一年中没有变化，常年保持绿色，所以取名青木。因为
雌雄异株，所以将雌雄植物种在一起就会结果。红色果
实能从冬天保持到初夏，可以点缀色彩较少的背阴庭院。
青木树形小巧容易栽培，经常被种在大楼之间的阴暗处，
另外因耐寒性强，还经常被种在寒冷地区的庭院中。

数据

☀ 日照：**昏暗背阴处、明亮背阴处**

● 科名：山茱萸科　● 别名：东瀛珊瑚、桃叶珊瑚

● 形态：常绿灌木　● 原产地：日本、中国、朝鲜半岛

● 高度：1~2.5m　● 冠幅：1~2.5m　● 耐热性：◎

● 耐寒性：　◎　● 土壤干湿度：适当→潮湿

● 观赏时间 果实：12月至来年 5月

三裂树参

Dendropanax trifidus

叶子形状像蓑衣。小植株的叶子会分成 2、3 叉，而老树
的叶子是椭圆形的。生有深绿色叶子，可以种在昏暗背
阴处，所以能用作庭院的背景或种在大楼间。如果植株
因为夏日的直射阳光而干燥，可以采取护根措施或在周
围栽种植物防止发生叶烧现象。因为生长缓慢，所以修
剪自然树形即可。

数据

☀ 日照：**昏暗背阴处、明亮背阴处、半背阴处**

● 科名：五加科　● 别名：隐身草　● 形态：常绿中等木

● 原产地：日本、中国台湾　● 高度：2.5~5m　● 冠幅：0.5~2m

● 耐热性：◎　● 耐寒性：　◎　● 土壤干湿度：潮湿

● 观赏时间 叶：全年

髭脉桤叶树

Clethra barbinervis

夏天，枝头会长出长 10~15cm 的花穗。树干是茶褐色的，
脱落的树皮有光泽、平滑，可以用作插花或摆放在茶室
中。这种树生长在较干燥的丛林中，是落叶树，适合种
在光照好的地方或半背阴处。除了叶子带斑纹的品种，
最近市场上还出现了髭脉桤叶树的近缘种美国髭脉桤叶
树，是花色为粉红色的园艺品种。

数据

☀ 日照：**半背阴处**

● 科名：山柳科　● 别名：山柳　● 形态：落叶小乔木

● 原产地：日本　● 高度：3~7m　● 冠幅：1~3m

● 耐热性：○　● 耐寒性：○　● 土壤干湿度：适当→干燥

● 观赏时间 花：7—9月

蜡瓣花 "春日黄金"

Corylopsis sinensis 'Spring Gold'

从 3 月下旬到 4 月会开出一连串下垂的黄色小花。之后叶子发芽，到秋天变红。枝干较粗，从根部长出数根枝干，交错延伸生长。从江户时代开始就因被用作庭院植物或盆栽为众人所熟知。自然的树形就很美丽，不过种在有限空间中时需要修剪。"春日黄金"的新叶是金黄色，随着生长逐渐变成柠檬绿色。原本适合种在向阳处，不过此园艺品种在背阴处叶子颜色更好看。

> **数据**
>
> ☀ 日照：**明亮背阴处、半背阴处**
>
> ● 科名：金缕梅科　● 别名：蜡瓣花
> ● 形态：落叶灌木　● 原产地：日本
> ● 高度：2~5m　● 冠幅：0.5~2m
> ● 耐热性：◎　● 耐寒性：◎
> ● 土壤干湿度：适当
> ● 观赏时间　花：3—4 月　叶：4—11 月

马醉木

Pieris japonica

在花朵较少的早春时节会开出像铃兰一样的一丛丛白色小花，与深绿色的常绿树叶搭配十分美丽。园艺品种数量较多，除了白花品种以外，还有开粉色花朵的人气品种。最适合种在明亮背阴处、半背阴处，在昏暗背阴处开花数量会减少。强健，不易生病虫害，因为生长速度慢，在狭窄的庭院中也比较容易栽培。叶子有毒，马儿吃了后会"醉"，因此得名。常绿灌木，可以种在背阴处的木篱笆下或落叶树的基部。

> **数据**
>
> ☀ 日照：**明亮背阴处、半背阴处**
>
> ● 科名：杜鹃花科　● 别名：细梅树
> ● 形态：常绿灌木　● 原产地：日本、中国
> ● 高度：1.5~2.5m　● 冠幅：1~2m
> ● 耐热性：◎　● 耐寒性：◎
> ● 土壤干湿度：适当→潮湿
> ● 观赏时间　花：2 月下旬至 4 月上旬

山梅花

Philadelphus

因为花朵像梅花而得名。日本的本州到九州山区有野生山梅花。楚楚可人的白色小花散发着微微芳香，经常被种在庭院中，或者作为插花素材。有几种园艺品种，也有香味特别浓重的品种。适合种在向阳处、半背阴处，要避开能直接接触强烈西晒的地方。花朵数量多，不需要修剪就能开得茂盛。不过枝条纠缠在一起的话树形会走形，需要适当修剪。

数据

☀ 日照：**半背阴处**

● 科名：虎耳草科　● 别名：梅花空木
● 形态：落叶灌木
● 原产地：北美、中美、亚洲、欧洲
● 高度：约 2m　● 冠幅：0.5~1.5m　● 耐热性：○
● 耐寒性：◎　● 土壤干湿度：适当→潮湿
● 观赏时间　花：5—7 月

绣球花

Hydrangea macrophylla

梅雨季节的代表性花卉。山绣球的装饰花实际上是十分发达的花萼，少数装饰花环绕在两性花周围。有的变种，装饰花围成"手鞠球"样的花球。市场上有很多园艺品种，都适合种在向阳处、明亮背阴处或半背阴处，不过要注意强烈的西晒会让叶子发生叶烧现象。绣球花很强健，生长旺盛，所以要种在较为宽敞的地点，地面附近的枝条要间隔修剪，控制植株的扩张。

数据

☀ 日照：**明亮背阴处、半背阴处**

● 科名：绣球花科　● 别名：七变化、八仙花
● 形态：落叶灌木　● 原产地：日本
● 高度：1~2m　● 冠幅：1~1.5m
● 耐热性：△　● 耐寒性：○
● 土壤干湿度：适当→潮湿
● 观赏时间　花：6—7 月

紫绣球

Hydrangea hirta

仿佛去掉了泽八绣球四周的装饰花，很多直径 5cm 左右的纤弱小花聚集在一起开放，花的特点是会散发出普通绣球花品种没有的甜美芳香。白色和紫色的花朵给潮湿的梅雨季节带来一丝清爽，秋天还可以欣赏黄叶。分布在日本关东以西到四国、九州，是日本固有种，生长在明亮的森林中或森林边缘，因此适合种在明亮背阴处和半背阴处。生长速度较快，经常在地表附近分枝，树形会横向扩展。

数据
☀ 日照：**明亮背阴处、半背阴处**
● 科名：绣球花科　● 别名：小紫阳花
● 形态：落叶灌木　● 原产地：日本
● 高度：1~1.5m　● 冠幅：0.5~1m
● 耐热性：△　● 耐寒性：◎
● 土壤干湿度：适当→潮湿
● 观赏时间　花：6—7月

栎叶绣球

Hydrangea quercifolia

绣球花的一种，原产于北美。因为叶子与栎树叶相似而得名。特点是叶子能长到 20cm 以上长，圆锥形的花球长达 30cm。因为在梅雨季节开花，花穗容易因为雨水的重量下垂。花色是白色的，有单瓣品种和重瓣品种。就算是在半背阴环境中，下午有西晒时叶片也容易发生叶烧现象，不过它和绣球花一样强健，不需要特别照顾。就算在温暖的地区，秋天也可以欣赏美丽的红叶。

数据
☀ 日照：**明亮背阴处、半背阴处**
● 科名：绣球花科　● 别名：橡叶绣球
● 形态：落叶灌木　● 原产地：北美
● 高度：1~2m　● 冠幅：0.5~1.5m
● 耐热性：◎　● 耐寒性：◎
● 土壤干湿度：适当→潮湿
● 观赏时间　花：5—7月

❶ 小可爱

泽八绣球

Hydrangea serrata

喜欢明亮背阴处或没有西晒的半背阴处。因为生长在潮湿的森林或沼泽边，因此叫作泽八绣球。花比普通绣球花小，花色有白色、蓝紫色和红色等。茎干纤细，叶子轻薄小巧，富有野趣。有少数装饰花围着两性花的，也有手鞠球形花球的园艺品种，品种多样。8 月以后发芽，第二年开花，所以修剪要在 8 月前完成。

数据

☀ 日照：**明亮背阴处、半背阴处**

● 科名：绣球花科　● 别名：泽八仙花　● 形态：落叶灌木

● 原产地：日本　● 高度：1~2m　● 冠幅：0.5~1.5m　● 耐热性：○

● 耐寒性：△　● 土壤干湿度：适当→潮湿　● 观赏时间　花：6—7 月

圆锥绣球

Hydrangea paniculata

原种圆锥绣球是装饰花和两性花并存的品种，园艺品种则只有装饰花，花形华丽。花球是长度约 30cm 的圆锥形，由此而来的金字塔绣球的名字也很流行。比普通绣球花的开花时间晚一个月，花期较长。喜光，但在半背阴处也能开花。最好避开强烈西晒，选择排水好、不易干燥的地方。

数据

☀ 日照：**半背阴处**

● 科名：绣球花科　● 别名：金字塔绣球、水亚木、糊空木、轮叶绣球

● 形态：落叶灌木　● 原产地：日本、中国　● 高度：2~3m

● 冠幅：1~2m　● 耐热性：◎　● 耐寒性：◎

● 土壤干湿度：适当→潮湿　● 观赏时间　花：7—9 月

杜鹃花

Rhododendron subgenus *Hymenanthes*

特点是花朵尺寸大，花色华丽。有超过 5000 种园艺品种，近年来，市场上出现了以原产自日本屋久岛的屋久岛杜鹃作为杂交亲本的小型品种，花朵数量多，容易成活。原种生长在高山上，有些品种不耐夏季酷暑，可以根据耐热性来选择品种。要避开强烈西晒，最好种在能在上午晒到太阳的半背阴处。

数据

☀ 日照：**半背阴处**

● 科名：杜鹃花科　● 别名：红树叶、石楠花　● 形态：常绿灌木

● 原产地：欧洲、亚洲、北美　● 高度：0.5~5m　● 冠幅：0.5~3m

● 耐热性：△　● 耐寒性：◎　● 土壤干湿度：适当→潮湿

● 观赏时间　花：4 月下旬至 5 月中旬

初雪

日本紫茎

Stewartia monadelpha

初夏，会开出直径 2cm 左右的白色单瓣花。纤细的枝条上开出只开放一天的花朵，适合摆放在茶室中。和夏椿很像，不过花的大小不到夏椿的一半。秋天叶子会变红，落叶后可以欣赏偏红的光滑枝干。自然树形很美丽，经常作为杂木庭院的标志性植物。喜欢半背阴环境，不耐强烈的直射阳光，因此要种在夏天晒不到西晒的地方，并注意浇水。修剪时只需要适当调整形状。

数据

☀ 日照：**明亮背阴处、半背阴处**

- 科名：山茶科 ● 别名：姬沙罗
- 形态：落叶乔木 ● 原产地：日本
- 高度：10~15m ● 冠幅：1~3m
- 耐热性：○ ● 耐寒性：△
- 土壤干湿度：适当→潮湿
- 观赏时间 花：5—7 月

铁线莲

Clematis

藤本性多年生草本植物，纤细的茎干可以尽情伸展，花多种多样。只要排水好、湿度适宜，在任何地方都能生长。基本上喜欢阳光，但是不喜欢阳光直射根部。枝条会向着阳光伸展，因此只要上方有阳光，在背阴处也能开花。种在花盆中时要注意浇水。花苗会在春秋两季上市，要在 11 月至来年 3 月下旬栽种。有的品种只有上一年长出的藤蔓才能开花，有的品种并非如此。不同品种的修剪方式不同，购买时需要留意品种性质。

数据

☀ 日照：**半背阴处**

- 科名：毛茛科 ● 别名：铁线牡丹、番莲、金包银
- 形态：多年生草本植物 ● 原产地：温带地区
- 藤蔓长度：1.5~3m ● 冠幅：3m 以上
- 耐热性：○ ● 耐寒性：◎
- 土壤干湿度：适当
- 观赏时间 花：4—6 月

❶ 白万重　❷ 天使的项链　❸ 莫伦

瑞香

Daphne odora

香味浓重，宣告春天到来的花木。花萼看起来像花瓣，厚厚的筒状小花聚集在一起像手鞠球一样。瑞香不喜欢夏季强烈的直射阳光，最适合种在没有西晒的半背阴处。因为移植可能会导致植株枯萎，最好一开始就选择好位置。树形小巧，只需要在开花后修剪突出的枝条。

数据
☀ 日照：**半背阴处**
● 科名：瑞香科　● 别名：睡香、蓬莱紫、千里香
● 形态：落叶灌木　● 原产地：中国　● 高度：约 1m
● 冠幅：1m　● 耐热性：○　● 耐寒性：○
● 土壤干湿度：适当→潮湿　● 观赏时间　花：2 月至 4 月中旬

鸡麻

Rhodotypos scandens

嫩绿叶片上轻轻点缀着白花，富有野趣的花木。单瓣的花一周后就会凋谢，长出鲜亮有光泽的黑色小果实，秋天叶子会变黄。虽然鸡麻的日文名（**シロヤマブキ**）中有"棣棠（**ヤマブキ**）"，但它与黄色的棣棠是不同属的植物。没有园艺品种，市面上只有基本种的白花品种。适合种在落叶树下等半背阴处，欣赏枝条横向伸展的自然树形。

数据
☀ 日照：**半背阴处**
● 科名：蔷薇科　● 别名：白山舞、双珠母　● 形态：落叶灌木
● 原产地：日本、中国、朝鲜半岛　● 高度：1~2m
● 冠幅：0.5~1m　● 耐热性：◎　● 耐寒性：◎
● 土壤干湿度：适当　● 观赏时间　花：4~5 月

粉花绣线菊

Spiraea japonica

多生长在日本下野（栃木县）。树形小巧，容易生长，适合新手栽培。粉色小花聚集在一起开放，花朵数量较多。有很多叶子颜色不同的园艺品种，如金黄色叶片或带斑纹叶片的品种等，秋天叶子会变红。原本喜光，不过在背阴处也能生长，只是花朵数量会减少。经常作为配角出现在自然庭院中。

数据
☀ 日照：**半背阴处**
● 科名：蔷薇科　● 别名：蚂蟥草、蚂蟥梢　● 形态：落叶灌木
● 原产地：日本、中国、朝鲜半岛　● 高度：0.5~1m
● 冠幅：0.5~1m　● 耐热性：◎　● 耐寒性：◎
● 土壤干湿度：适当→潮湿　● 观赏时间　花：5—6 月

北美鼠刺

Itea virginica

除了种在庭院中，也可以作为盆栽或者插花素材。散发着甜香的小花密密麻麻地生长在枝头10cm左右长的花穗上。可以在半背阴环境生长，不过因为喜欢阳光，种在背阴处时花朵数量会减少。秋天叶子会变成鲜艳的紫红色。树形小巧紧凑，在狭窄的区域也容易栽培。生命力强，除了种在庭院中，也可以混栽或盆栽。不耐旱，夏天要特别注意浇水。

数据

☀ 日照：**半背阴处**

● 科名：鼠刺科　● 别名：美国鼠刺、弗森虎耳
● 形态：落叶灌木　● 原产地：北美
● 高度：1~2.5m　● 冠幅：0.3~1m
● 耐热性：◎　● 耐寒性：◎
● 土壤干湿度：适当→潮湿
● 观赏时间　花：5—6月

亨利·加尼特

小萼绣球

Hydrangea scandens subsp. *liukiuensis*

新枝呈黑紫色，叶子有光泽。在泽八绣球前开放，清秀的氛围和芳香很有魅力。白花和一般的绣球花一样，装饰花和两性花聚集在一起同时开放。园艺品种"花影"的装饰花是重瓣的，直径大约5mm的小花聚集在一起，很有分量感。小萼绣球多生长在山谷间树木被采伐后形成的背阴处，所以可以将其种在杂木庭院的树下。新枝会长得很长，可以引到篱笆等上。

数据

☀ 日照：**半背阴处**

● 科名：绣球花科　● 别名：小萼粉团
● 形态：落叶灌木　● 原产地：日本
● 高度：1~2m　● 冠幅：50~80cm
● 耐热性：◎　● 耐寒性：◎
● 土壤干湿度：适当→潮湿
● 观赏时间　花：5—7月

花斗笠

黄牛木

Cratoxylum cochinchinense

叶子形状有点儿像柳叶，黄牛木属植物。在花朵较少的梅雨时期会不断开出黄色的花朵，与明亮的绿色叶子相映生辉。特点是伸展的金黄色五瓣花瓣和纤长雄蕊。果实呈红色，成熟后变成黑色，也可以欣赏红叶。种在通风好的地方可以茁壮成长，强健，容易栽培。在向阳处或半背阴环境中可以开出众多花朵。树形小巧，容易和多年生草本植物搭配。

数据

☀ 日照：**半背阴处**

- 科名：藤黄科 ● 别名：美容柳、水杧果
- 形态：半常绿灌木 ● 原产地：中国
- 高度：约 1m ● 冠幅：0.5~1.5m
- 耐热性：◎ ● 耐寒性：◎
- 土壤干湿度：适当→潮湿
- 观赏时间 花：6—7月

乔木绣球"安娜贝尔"

Hydrangea arborescens 'Annabelle'

"安娜贝尔"在庭院中很常见，是乔木绣球的园艺品种。装饰花聚集在一起，从绿色逐渐变白。华丽的花球直径能达到 30cm，让夏季的背阴处变得清凉。春天抽出的枝条上结出花芽，一入夏就能开花。和其他绣球花一样，开花后需要修剪，可以在欣赏过枯萎的花朵后，于冬季进行修剪。耐寒性极强，因此可以种在其他绣球花无法生长的寒冷地区的庭院中。

数据

☀ 日照：**半背阴处**

- 科名：绣球花科 ● 别名：安娜贝尔
- 形态：落叶灌木 ● 原产地：北美
- 高度：1~1.5m ● 冠幅：0.5~1m
- 耐热性：◎ ● 耐寒性：○
- 土壤干湿度：适当→潮湿
- 观赏时间 花：6—7月

❶ 粉色的"安娜贝尔"

宽苞十大功劳

Mahonia eurybracteata

常绿灌木，细长叶子像羽毛一样排列，形态独特。强健，不需要过多打理，叶子全年都能保持绿色。黄色小花开成穗状，花朵数量很多。在花卉较少的秋天能够给庭院带来色彩，春天会结出黑紫色的小果实。经常被种在公寓的背阴处，但在昏暗背阴处的话花朵数量会变少。

数据

☀ 日照：**明亮背阴处、半背阴处**

- 科名：小檗科 ● 别名：业平柊南天 ● 形态：常绿灌木
- 原产地：中国 ● 高度：1~2m ● 冠幅：0.8~1m
- 耐热性：◎ ● 耐寒性：◎ ● 土壤干湿度：适当→潮湿
- 观赏时间 花：10—12 月 果实：3—4 月 叶：全年

草珊瑚

Sarcandra glabra

正月不可缺少的吉祥植物。在花卉较少的季节，红色的小果实能给庭院增加色彩。地下茎每年都会长出新茎，就算放任不管也能茁壮成长。阳光过强会让叶子颜色变差，最适合种在明亮背阴处。种在昏暗背阴处的话果实会变少。也有结黄色果实的园艺品种。

数据

☀ 日照：**明亮背阴处、半背阴处**

- 科名：金粟兰科 ● 别名：满山香、九节茶 ● 形态：常绿灌木
- 原产地：日本、朝鲜半岛、中国、东南亚 ● 高度：0.7~1m
- 冠幅：30~80cm ● 耐热性：◎ ● 耐寒性：○
- 土壤干湿度：适当→潮湿
- 观赏时间 果实：11月至来年2月 叶：全年

日本茵芋

Skimmia japonica

特点是紫红色的花蕾和肉厚、有光泽的深绿色叶片。能在 10 月至来年 2 月长时间保持美丽的结蕾状态，春天开花。白色小花会散发清爽的香味。喜欢富含有机物的湿润土壤，不耐旱、不喜欢强烈的光照，最好采取护根措施。适合放在北侧玄关前等明亮背阴处。

数据

☀ 日照：**明亮背阴处、半背阴处**

- 科名：芸香科 ● 别名：卑山共、莞草、卑共
- 形态：常绿灌木 ● 原产地：日本、中国 ● 高度：0.6~1.2m
- 冠幅：30~50cm ● 耐热性：◎ ● 耐寒性：◎
- 土壤干湿度：适当
- 观赏时间 花：4 月 花蕾：10月至来年 2 月

蕾丝花

Orlaya grandiflora

这种草本花在庭院热的时期人气高涨。多齿的叶子和花朵都像蕾丝一样纤细，但是它很强健，可以自然落种繁殖。不耐夏季暑热，在温暖的地区被当成秋天播种的一年生草本植物，在寒冷地区则是多年生草本植物。在向阳处和半背阴处都能开花，日照不足时会徒长。不适合移植，因此要注意栽种时不要伤害根部。柔和的白花可以和各种草花搭配。

数据

☀ **日照：半背阴处**

- 科名：伞形科　● 别名：白色蕾丝花
- 形态：一年生或多年生草本植物
- 原产地：地中海沿岸　● 高度：30~60cm
- 冠幅：30~50cm　● 耐热性：○　● 耐寒性：◎
- 土壤干湿度：适当→潮湿
- 观赏时间　花：4—6月

水甘草

Amsonia

初夏时节会开出清爽的浅蓝色小花，夏天可以欣赏绿叶，秋天可以欣赏黄叶。笔直的茎干上长着纤细的叶子，不打理也不会显得杂乱，不会横向生长，因此适合种在狭窄的区域。过去主要是在日本潮湿的草地等地区原生的品种，现在市场上大多是原产于美国的水甘草。耐热又耐寒，喜欢半背阴环境或向阳处。夏日的干燥可能会伤害叶片，因此最好采取护根措施。

数据

☀ **日照：半背阴处**

- 科名：夹竹桃科　● 别名：美草
- 多年生草本植物　● 原产地：北美、东亚
- 高度：50~70cm　● 冠幅：30~50cm
- 耐热性：◎　● 耐寒性：◎
- 土壤干湿度：适当→潮湿
- 观赏时间　花：4—5月　叶：4—11月

落新妇

Astilbe

蓬松的圆锥形花穗可以伸得很长，活跃在背阴庭院中。以日本的落新妇为核心，在欧洲进行了改良。讨厌干燥，能在梅雨季节开出漂亮的花朵，强健，容易栽培。在温暖的地区适合种在没有阳光直射的明亮背阴处。就算叶片枯萎，第二年也能长出新芽并开花。除了白色，花色还有鲜艳的红色、淡粉色等。有的品种可以在花谢后欣赏紫铜色叶子。

> **数据**
> ☀ **日照：明亮背阴处、半背阴处**
> ● 科名：虎耳草科 ● 别名：假山羊胡子
> ● 形态：多年生草本植物 ● 原产地：东亚、北美
> ● 高度：30~50cm ● 冠幅：30~50cm
> ● 耐热性：○ ● 耐寒性：◎
> ● 土壤干湿度：适当→潮湿
> ● 观赏时间 花：5—7月 叶：4—10月

白及

Bletilla striata

原产自日本的兰科品种。花色有华丽的紫红色、白色等，茎部和叶子的笔直线条引人注目。易养活，放置不管也能在第二年开花并长大。叶子形状像细竹叶，只要不接触强烈的直射阳光，在花谢后也可以作为地被植物。在特别干燥的环境中会枯萎，要注意采取护根措施。也有叶片带斑纹的品种，可以在前面种上春星韭、筋骨草等高度较低的花草进行搭配。

白花的白及

> **数据**
> ☀ **日照：明亮背阴处、半背阴处**
> ● 科名：兰科 ● 别名：紫兰、苞舌兰、连及草
> ● 形态：多年生草本植物 ● 原产地：日本、中国
> ● 高度：40~60cm ● 冠幅：30~50cm
> ● 耐热性：◎ ● 耐寒性：◎
> ● 土壤干湿度：适当
> ● 观赏时间 花：5月 叶：5—10月

珍珠菜

Lysimachia

有珍珠菜"薄酒菜"那样的直立品种，也有临时救"午夜太阳"那样可以用作地被植物的匍匐品种。原种分布在世界各地，日本有矮桃、黄连花等野生品种。每个品种的生命力都很旺盛，也有花期很长的品种。可以长在向阳处、半背阴处，不挑环境，可以随意种植。喜欢潮湿的地方，因此为了防止干燥，可以用腐叶土等护根。

> **数据**
>
> ☀ **日照：半背阴处**
> - 科名：报春花科 ● 别名：矮桃、黄连花
> - 形态：一年生草本植物、多年生草本植物
> - 原产地：以北半球为中心的世界各地
> - 高度：50~100cm ● 冠幅：30~50cm
> - 耐热性：○ ● 耐寒性：◎
> - 土壤干湿度：适当→潮湿
> - 观赏时间 花：4—8月

❶ 薄酒菜 ❷ 午夜太阳

毛地黄

Digitalis purpurea

初夏时，月季不可或缺的搭档。花色有深粉、紫、白等多种颜色，可以像挑选颜料那样选择花色，开得密密麻麻的花穗可以长时间欣赏。喜光，不过不耐热，在温暖地区难以度夏。很多品种能在明亮背阴处或半背阴处很好地开花。不同品种的高度不同，可以按照需要进行选择。可以种在用作焦点的藤本月季和高度较低的植物之间，在景色中起过渡作用，营造出纵深感。

> **数据**
>
> ☀ **日照：明亮背阴处、半背阴处**
> - 科名：玄参科 ● 别名：洋地黄、自由钟
> - 形态：两年生或多年生草本植物 ● 原产地：欧洲
> - 高度：0.3~1.8cm ● 冠幅：40~60cm
> - 耐热性：○ ● 耐寒性：◎
> - 土壤干湿度：适当
> - 观赏时间 花：5—6月

星草梅

Gillenia trifoliata

也叫三叶绣线菊，因为与灌木绣线菊相似而得名。夏天会
开出星形的纤细花朵。花白，花萼和花梗是红色的。茎
生长迅速，花朵点缀其中，很快就能长成茂密的大株植物。
开花后会保留美丽的叶子，秋天可以欣赏红叶。非常强健，
在冬天从根部剪掉枯萎的茎后，几乎不需要分株栽培。

> **│ 数据 │**
>
> ☀ 日照：**半背阴处**
> ● 科名：蔷薇科　● 别名：三叶绣线菊
> ● 形态：多年生草本植物　● 原产地：北美　● 高度：约60cm
> ● 冠幅：30~50cm　● 耐热性：◎　● 耐寒性：◎
> ● 土壤干湿度：适当→潮湿　● 观赏时间　花：5—6月

高地黄

Rehmannia elata

细长的花穗上会开出直径 4~5cm 的喇叭形花朵。不喜夏
日高温多湿的天气，需要在通风良好的半背阴处度夏。喜
欢富含有机物、排水好的土壤，地下茎能充分伸展，从春
天到秋天都能茁壮成长。生命力很强，种好后不用打理，
植株也能自行繁衍。紫红色的艳丽花朵是庭院重要的点缀。

> **│ 数据 │**
>
> ☀ 日照：**半背阴处**
> ● 科名：列当科　● 别名：中国狐狸手套
> ● 形态：多年生草本植物　● 原产地：中国　● 高度：30~60cm
> ● 冠幅：30~70cm　● 耐热性：○　● 耐寒性：◎
> ● 土壤干湿度：适当→潮湿　● 观赏时间　花：5—7月

桃叶风铃草

Campanula persicifolia

风铃草种类繁多，有铃铛形状花朵朝下的品种，也有和
桔梗花形相似的品种。白色、蓝色或紫色的轻盈花朵能
给初夏的庭院带来一丝清爽，摘掉枯萎的花朵后能够持
续开花。原本喜欢向阳处，不过在通风好、排水好的半
背阴环境中生长更容易度夏，并且会在 10 月再次开花。

> **│ 数据 │**
>
> ☀ 日照：**半背阴处**
> ● 科名：桔梗科　● 别名：钟花　● 形态：多年生草本植物
> ● 原产地：欧洲、俄罗斯中部及南部、土耳其
> ● 高度：30~100cm　● 冠幅：30~50cm　● 耐热性：○
> ● 耐寒性：◎　● 土壤干湿度：适当→潮湿
> ● 观赏时间　花：5—7月

星芹

Astrantia

极小的花朵聚集成半球状，花朵纤弱，看起来像薄花瓣的是总苞。在风中摇曳的纤细枝头开出花朵，自然的氛围是其特色。原种大约有10种，其中大星芹最好养活。园艺品种很多，花朵有不同深浅的粉色和白色等，做成鲜切花也很受欢迎。喜欢水，不耐夏天强烈的阳光、酷暑和过于潮湿的环境，最好种在通风好的半背阴环境中。在寒冷地区容易生长，使用富含腐叶土的土壤能更好地栽培。

> **数据**
>
> ☀ 日照：**半背阴处**
>
> ● 科名：伞形科　● 别名：母草
> ● 形态：多年生草本植物　● 原产地：欧洲
> ● 高度：40~80cm　● 冠幅：20~30cm
> ● 耐热性：△　● 耐寒性：◎
> ● 土壤干湿度：稍干→适当
> ● 观赏时间　花：5月中旬至7月中旬

大星芹

紫斑风铃草

Campanula punctata

生长在日照充足的草原、路边或森林边缘等处，是广泛生长于日本各地的野草。茎细长挺拔，花朵呈钟形，洋溢着自然温柔的氛围。花色有白色、粉色、紫红色等，园艺品种中还有蓝紫色或重瓣的品种。容易养活，如果环境过于干燥，第二年新芽会枯萎，所以要避开中午的直射阳光。种在落叶树下能营造楚楚动人的氛围，也可以大量栽种以提高存在感。

> **数据**
>
> ☀ 日照：**明亮背阴处、半背阴处**
>
> ● 科名：桔梗科　● 别名：灯笼花、吊钟花、山小菜
> ● 形态：多年生草本植物　● 原产地：东亚
> ● 高度：30~60cm　● 冠幅：30cm
> ● 耐热性：○　● 耐寒性：◎
> ● 土壤干湿度：适当→潮湿
> ● 观赏时间　花：6月

百子莲

Agapanthus

会开出清凉的蓝色系和白色花朵。茎挺拔，叶片厚实，有皮革质感，花朵像百合一样华丽。就算几乎不打理也可以每年开花，所以常见于大楼旁或路边的树丛中。原本喜欢排水好的土壤和向阳环境，不过也可以适应干燥的环境和半背阴环境。因为在贫瘠的土壤中也可以生长，所以几乎不需要施肥。品种丰富，形状和花形也多种多样，属于介于常绿和落叶中间的类型。

数据

☀ 日照：**半背阴处**

- 科名：百合科 ● 别名：紫君子兰、蓝花君子兰
- 形态：多年生草本植物 ● 原产地：南非
- 高度：0.3~1.5m ● 冠幅：0.5~1m ● 耐热性：◎
- 耐寒性：◎ ● 落叶性：◎ ● 常绿性：○
- 土壤干湿度：稍干 ● 观赏时间 花：5—8 月

虾蟆花

Acanthus mollis

有光泽的大片叶子和长长的花穗引人注目。容易适应环境，但气候过于干燥时，叶子颜色会变差。种在中午能晒到太阳的地方时，要选择富含有机物、储水能力强的土壤。可以种在花坛中作为中景或背景，在前方种植较小的植物后可以营造有立体感的庭院。因为植株会向周围扩展，所以需要一定的空间，种在大花盆中可以成为花园的焦点，也可以缓和砖瓦墙等人造建筑死板的印象。

数据

☀ 日照：**明亮背阴处、半背阴处**

- 科名：爵床科 ● 别名：鸭嘴花
- 形态：常绿多年生草本植物
- 原产地：地中海沿岸 ● 高度：0.6~1.5m
- 冠幅：0.5~1m ● 耐热性：◎ ● 耐寒性：◎
- 土壤干湿度：稍干→适当
- 观赏时间 花：6—7 月 叶：全年（除 8 月）

黄菖蒲

Iris pseudacorus

从明治时代开始栽培，生命力极强，在日本各地的水边或水田边都有野生品种，在 5 月前后经常能看到。作为花园素材并不受关注，不过开黄花的品种很珍贵。也有叶子带斑纹的园艺品种和重瓣的园艺品种。原本喜欢向阳环境，在半背阴环境中也能生长，会给初夏的庭院带来一丝清凉。

> **数据**
>
> ☀ **日照：明亮背阴处、半背阴处**
> - 科名：鸢尾科　● 别名：水烛、黄鸢尾
> - 形态：多年生草本植物　● 原产地：欧洲、西亚
> - 高度：0.6~1m　● 冠幅：50~80cm　● 耐热性：◎
> - 耐寒性：◎　● 土壤干湿度：适当→潮湿
> - 观赏时间　花：5—6月

紫露草

Tradescantia cvs.

特点是有细长的叶子和紫色的花朵。在初夏的早上会开出水灵的花朵，花只开一天，晴朗炎热的日子里会在中午枯萎。喜欢潮湿的土壤，在排水条件差的地方也能生长，但是不耐干燥或中午的强烈日照。生命力强，植株能长到较大的体积，因此要控制肥料，不让植株疯长。黄金叶品种可以作为观叶植物。

> **数据**
>
> ☀ **日照：明亮背阴处、半背阴处**
> - 科名：鸭跖草科　● 别名：紫鸭跖草、紫叶草
> - 形态：多年生草本植物　● 原产地：北美　● 高度：30~60cm
> - 冠幅：30~50cm　● 耐热性：○　● 耐寒性：◎
> - 土壤干湿度：适当→潮湿
> - 观赏时间　叶：4—10月　花：5—7月

锥托泽兰

Conoclinium

开蓝紫色或白色的小花，如同小小的蓟花聚在一起；会不断开花，观赏时间长。粉色、紫色、白色、蓝色等鲜艳花色是初秋庭院中的重要风景，青铜色叶片的"巧克力"可以作为彩叶植物成为庭院中的亮点。生命力很强，地下茎生长旺盛，可以通过种子进行繁殖，所以栽种时要注意留出空间。

> **数据**
>
> ☀ **日照：半背阴处**
> - 科名：菊科　● 别名：贯叶泽兰　● 形态：多年生草本植物
> - 原产地：美国中部至东南部、西印度群岛　● 高度：0.7~1m
> - 冠幅：30~80cm　● 耐热性：◎　● 耐寒性：◎
> - 土壤干湿度：稍干→适当　● 观赏时间　花：8—9月

巧克力

婆婆纳

Veronica

特点是挺拔的花穗和蓝色、白色的清爽花色。从夏天到初秋较热的时间开放，能给庭院带来一丝清凉。种类繁多，主要是以经常种在花坛或容器中的兔儿尾苗（学名已修订，现归属于兔属苗属[—]）为中心的杂交品种，也有花叶茂盛的品种。可以通过分株、扦插、播种等方式繁殖，生命力强，容易成活。原本喜欢向阳环境，因为适应能力强，在半背阴环境中也能生长。如果将多株植株种在一起，可以让细长的茎线条呈现参差不齐的节奏感。

> **数据**
>
> ☀ 日照：**半背阴处**
>
> ● 科名：玄参科　● 别名：虎尾花
> ● 形态：多年生草本植物、一年生草本植物
> ● 原产地：世界各地　● 高度：0.5~1m
> ● 冠幅：0.3~1m　耐热性：◎　● 耐寒性：◎
> ● 土壤干湿度：适当→潮湿
> ● 观赏时间 花：4—11月

天香百合

Lilium auratum

在日本，大多数原种为自生的。有像麝香百合那样喜欢向阳处的品种，也有像天香百合这样原本生长在山林中的野生百合，喜欢明亮背阴环境，或者没有强烈西晒的半背阴环境。杂交品种之一，人气很高的"卡萨布兰卡"也喜欢同样的环境。高度在1m以上，枝头能开出几朵到十多朵华丽的大花。富有野趣，存在感很强，浓郁的芳香能充满整个庭院。

> **数据**
>
> ☀ 日照：**明亮背阴处、半背阴处**
>
> ● 科名：百合科　● 别名：山百合、关东百合
> ● 形态：多年生草本植物　● 原产地：日本
> ● 高度：1.2~2m　● 冠幅：30~50m
> ● 耐热性：○　● 耐寒性：○
> ● 土壤干湿度：适当
> ● 观赏时间 花：7—8月

— 依据为《中国植物志（FRPS）》。

台湾油点草

Tricyrtis formosana

因为花朵上有像杜鹃鸟胸部的花纹，人们还叫它"杜鹃"。日本特有的油点草敏感，不适合种在庭院中。而中国台湾、日本冲绳西表岛的野生台湾油点草可以充分伸展地下茎，能长成大型植株。可人的花朵洋溢着秋日韵味。可以在向阳处生长，也喜欢明亮背阴处或半背阴处等潮湿的环境。

> **数据**
>
> ☀ 日照：**明亮背阴处、半背阴处**
>
> ● 科名：百合科　● 别名：台湾映山红　● 形态：多年生草本植物
>
> ● 原产地：日本、中国　● 高度：60~80cm
>
> ● 冠幅：40~60m　耐热性：○　耐寒性：◎
>
> ● 土壤干湿度：适当→潮湿　● 观赏时间　花：9—10 月

打破碗花花

Anemone hupehensis

为秋季背阴庭院增光添彩的代表性花卉。很早以前从中国引进到日本的归化植物。茎纤细，楚楚动人的花朵盛开在秋日庭院中。只要环境合适，就能充分伸展地下茎。长大后可以每隔 3、4 年分株一次。喜欢背阴、富含有机质的潮湿环境，要注意干燥的环境会使叶片受损，让生长情况变差。

> **数据**
>
> ☀ 日照：**明亮背阴处、半背阴处**
>
> ● 科名：毛茛科　● 别名：大头翁、野棉花
>
> ● 形态：多年生草本植物　● 原产地：中国　● 高度：0.4~1.5m
>
> ● 冠幅：40~60m　耐热性：○　耐寒性：◎
>
> ● 土壤干湿度：适当→潮湿　● 观赏时间　花：9—10 月

大吴风草

Farfugium japonicum

生长在日本各地海岸边。有光泽的常绿叶片与类似菊花的黄色花朵相映生辉。耐热性极强，对土质没要求，生命力很强。可以适应向阳或背阴环境，叶子带斑纹的品种在明亮背阴处更显艳丽。大吴风草是日本庭院中不可或缺的植物，最近在大楼间的树丛中能看到与落叶树搭配的自然景色。

> **数据**
>
> ☀ 日照：**明亮背阴处、半背阴处**
>
> ● 科名：菊科　● 别名：活血莲、独脚莲、石蕗
>
> ● 形态：常绿多年生草本植物　● 原产地：中国、朝鲜半岛
>
> ● 高度：20~50cm　冠幅：0.5~1m　耐热性：◎　耐寒性：○
>
> ● 土壤干湿度：稍干→适当
>
> ● 观赏时间　花：10—12 月　叶：全年

玉簪

Hosta

叶脉图案美丽，叶子的颜色、形状、斑纹十分丰富。会开出白色或淡紫色的花朵，不太显眼，也有重瓣或有香味的品种。玉簪是日本原产植物，所以很适应日本的气候，是半背阴、背阴庭院中不可或缺的元素。如果湿度适宜，玉簪可以在任何土壤中生长，除了寒冷地区之外，在日本全国都能种植，抗病虫害能力强。就算多年不打理，长大后形状也不会杂乱，反而看起来还不错。栽种时可以组合多个品种。

❶ 优雅

数据

☀ 日照：**明亮背阴处、半背阴处**

● 科名：百合科　● 别名：河白菜、剑叶玉簪

● 形态：多年生草本植物

● 原产地：日本、中国、朝鲜半岛　● 高度：15~70cm

● 冠幅：15~70cm　● 耐热性：○　● 耐寒性：◎

● 土壤干湿度：适当→潮湿

● 观赏时间　花：6—8月　叶：4月下旬至11月

小头蓼

Persicaria microcephala

有的品种可以欣赏充满个性颜色和花纹的彩色叶子，有的品种可以欣赏花朵。生命力强，生长旺盛，植株每年都会长大，所以需要适当分株、移植。在向阳处开花多，在明亮背阴处、半背阴处也能生长，喜欢排水好的潮湿环境。尖尖的叶子很有特点，洋溢着异国风情。长到一定高度后会横向生长，可以作为地被植物。

数据

☀ 日照：**明亮背阴处、半背阴处**

● 科名：蓼科　● 别名：桃叶蓼

● 形态：多年生草本植物　● 原产地：喜马拉雅山

● 高度：0.5~1m　● 冠幅：约1m

● 耐热性：◎　● 耐寒性：◎

● 土壤干湿度：适当→潮湿

● 观赏时间　花：4—11月

掌叶铁线蕨

Adiantum pedatum

姿态极具个性，像孔雀开屏。是轻盈的蕨类植物，新叶偏红色，会逐渐变成明亮的绿色。适合湿润的昏暗背阴处或明亮背阴处，暴露在阳光下，叶片会立刻受伤。不耐旱，需要种在富含腐叶土等有机质、保湿性强的土壤中。在植物种类有限的昏暗背阴处很有活力。将多种蕨类植物搭配种在常绿树脚下，可以营造充满野趣的空间。

> **数据**
>
> ☀ **日照：昏暗背阴处、明亮背阴处**
> ● 科名：铁线蕨科 ● 别名：孔雀蕨
> ● 形态：多年生草本植物
> ● 原产地：日本、东亚、北美 ● 高度：30~50cm
> ● 冠幅：30~60cm ● 耐热性：○ ● 耐寒性：◎
> ● 土壤干湿度：适当→潮湿
> ● 观赏时间 叶：4—11 月

荚果蕨

Matteuccia struthiopteris

叶子形状像苏铁，在日本又叫作"草苏铁"。卷起的嫩芽像荚果一样，可以作为野菜食用。地下茎生长旺盛，生长速度快，亮绿色的叶子像溢出来一样伸展。原生于排水好的潮湿地带，所以要注意避开直射阳光和干燥环境。春天适合搭配小球根、野草的花朵，夏天到秋天和玉簪、凤仙花搭配很合适。

> **数据**
>
> ☀ **日照：昏暗背阴处、明亮背阴处**
> ● 科名：球子蕨科 ● 别名：黄瓜香、野鸡膀子
> ● 形态：多年生草本植物
> ● 原产地：日本、欧洲、北美 ● 高度：0.8~1m
> ● 冠幅：0.8~1m ● 耐热性：◎
> ● 耐寒性：◎ ● 土壤干湿度：适当→潮湿
> ● 观赏时间 叶：4—12 月

鞘蕊花

Coleus

在花朵较少的夏天和暮秋，色彩鲜艳的叶子会很醒目。过去以通过种子培育的小型品种为主，近年来，市场上出现了扦插培育的营养系大型品种，叶子颜色更加丰富。虽然在向阳处也能生长，不过为了让叶子颜色更鲜艳，最好种在明亮背阴处或半背阴处。幼苗可以多次摘心，让植物分枝变得更加茂盛，另外，摘掉花穗能突出叶子。不让植株开花可以延长叶子的观赏时间。

❶ 大猩猩　❷ 篝火　❸ 月光

数据

☀ **日照：明亮背阴处、半背阴处**

- 科名：唇形科　● 别名：五彩苏、彩叶草、五色草
- 形态：视为一年生草本植物　● 原产地：东南亚
- 高度：0.2~1m　● 冠幅：30~70cm
- 耐热性：○　● 耐寒性：△
- 土壤干湿度：适当
- 观赏时间　叶：4—11月

红盖鳞毛蕨

Dryopteris erythrosora

因新芽像枫叶一样红而得名。在嫩绿色的春日庭院中，美丽的红铜色叶片很显眼，叶子会逐渐变成明亮的柠檬绿色。常绿植物，全年都能作为地被植物使用，夏天和秋天，新芽、老芽交织的样子也很美丽。生命力强，与其他蕨类植物相比更能适应干燥环境，只要种在含有有机质的湿润土壤中即可。为了让植物的叶子在春天呈现更鲜艳的红色，可以种在相对明亮的背阴处。

数据

☀ **日照：昏暗背阴处、明亮背阴处、半背阴处**

- 科名：鳞毛蕨科　● 别名：红蕨
- 形态：常绿多年生草本植物
- 原产地：日本、中国、朝鲜半岛
- 高度：40~70cm　● 冠幅：40~70cm
- 耐热性：◎　● 耐寒性：◎
- 土壤干湿度：适当→潮湿　● 观赏时间　叶：全年

朱砂根

Ardisia crenata

自古以来就作为正月的吉祥植物为人们所熟悉，在江户时代培育出许多园艺品种。带斑纹的叶子在没有结果时观赏价值也很高。生长在日本温暖地区的林地等处，野鸟经常带着朱砂根的种子飞往各处，令其自然生根发芽。生命力强，不用打理也可以生长，不过强烈的西晒会让叶子颜色变差。喜欢背阴环境和富含有机质的土壤。

> **│ 数据 │**
>
> ☀ 日照：**昏暗背阴处、明亮背阴处、半背阴处**
>
> ● 科名：紫金牛科　　● 别名：金玉满堂、黄金万两
> ● 形态：常绿灌木　　● 原产地：东亚、东南亚、印度
> ● 高度：0.4~1m　　● 冠幅：30~60cm　● 耐热性：◎
> ● 耐寒性：○　　● 土壤干湿度：适当→潮湿
> ● 观赏时间　果实：11月至来年1月　叶：全年

紫金牛

Ardisia japonica

正月的吉祥植物，叶子常绿，结红色果实，在江户时代赶上了园艺热潮。叶子形状多样，也有带黄色或白色斑纹的叶子。在背阴处容易成活，生命力强，因此除了作为盆栽之外，作为观叶植物也很受欢迎，还会用于混栽。直射阳光会让叶子颜色变差。

> **│ 数据 │**
>
> ☀ 日照：**昏暗背阴处、明亮背阴处、半背阴处**
>
> ● 科名：紫金牛科　　● 别名：小青、矮茶、短脚三郎
> ● 形态：常绿灌木　　● 原产地：日本、朝鲜半岛、中国等
> ● 高度：10~30cm　　● 冠幅：20~30cm　● 耐热性：◎
> ● 耐寒性：○　　● 土壤干湿度：适当→潮湿
> ● 观赏时间　果实：11月至来年2月　叶：全年

百两金

Ardisia crispa

正月的吉祥植物。在江户时代，带斑纹的叶子极为流行，以百两为单位交易，因此得名"百两"。果实除了红色，还有黄色和白色的。生长在各地树林中的林地表层，因此适合种在晒不到直射阳光、吹不到冬季寒风的地方。种在富含有机质的土壤中不需要施肥就能茁壮成长。因为体积小巧，也可以种在花盆中。

> **│ 数据 │**
>
> ☀ 日照：**昏暗背阴处、明亮背阴处、半背阴处**
>
> ● 科名：紫金牛科　　● 别名：山豆根
> ● 形态：常绿多年生草本植物　　● 原产地：日本、中国
> ● 高度：20~50cm　　● 冠幅：20~30cm　● 耐热性：◎
> ● 耐寒性：○　　● 土壤干湿度：潮湿
> ● 观赏时间　果实：11—12月　叶：全年

雪滴花

Galanthus

宣告春天到来的花朵，在下雪的地区会在雪停时开花。大约有15种，在日本广为人知的品种是大雪滴花。适合种在从落叶到发芽期间阳光很好，在开花后属于半背阴的环境中。6月，地上部分枯萎，植物进入休眠期。不喜欢干燥或过于潮湿的环境，要种在排水好、富含有机质的土壤中，避免西晒。与同样生长在落叶树下的铁筷子等植物搭配效果好。

数据

☀ **日照：半背阴处**

- 科名：石蒜科　● 别名：雪铃花、雪花水仙
- 形态：多年生草本植物　● 原产地：东欧
- 高度：5~30cm　● 冠幅：10cm
- 耐热性：○　● 耐寒性：○
- 土壤干湿度：稍干→适当
- 观赏时间　花：2—3月

鹅掌草

Anemone flaccida

一枝上会开两朵花，生长在从平原到山地的林地表层及周边排水好的湿润地区。被称为春之精灵的植物之一，4—5月开花后会在夏季"消失"并休眠。从冬天到开花期最好种在向阳处，所以选择夏季会形成明亮背阴处或半背阴处的落叶树下种植最合适。种在富含有机质的土壤中能迅速繁殖。

数据

☀ **日照：明亮背阴处、半背阴处**

- 科名：毛茛科　● 别名：林荫银莲花
- 形态：多年生草本植物
- 原产地：日本、中国、朝鲜半岛等
- 高度：10~20cm　● 冠幅：15~30cm
- 耐热性：△　● 耐寒性：◎
- 土壤干湿度：稍干→适当
- 观赏时间　花：4—5月

铁筷子

Helleborus

在花卉较少的冬天到春天能为庭院增光添彩，被称为"冬日贵妇"。花期很长，当水仙开花后，庭院将更加热闹。从冬天到发芽这段时期最适合种在有日照的落叶树下，但也经常种于大楼间的树丛等背阴处。适应环境能力强，生命力强。最好种在排水性、保水性好的土壤中。

> **数据**
>
> ☀ 日照：**明亮背阴处到半背阴处**
> ● 科名：毛茛科　● 别名：九朵云、圣诞玫瑰
> ● 形态：常绿多年生草本植物　● 原产地：欧洲
> ● 高度：25~50cm　● 冠幅：40~50cm　● 耐热性：○
> ● 耐寒性：◎　● 土壤干湿度：适当　● 观赏时间 花：1—4 月

杂交品种

常绿屈曲花

Iberis sempervirens

茎会横向扩展，花朵数量众多，几乎能覆盖整个植株，可以像针叶天蓝绣球一样作为地被植物。生命力强，不需打理也能生长，可在花谢后修剪植株，将其作为绿植观赏。原本喜光，不过因为讨厌夏季高温多湿的环境，所以种在避开西晒、通风好的半背阴环境中更容易度夏。适合种在石头组成的石园中。

> **数据**
>
> ☀ 日照：**半背阴处**
> ● 科名：花荵科　● 别名：珍珠球、蜂窝花
> ● 形态：常绿多年生草本植物　● 原产地：地中海沿岸
> ● 高度：约 15cm　● 冠幅：15~30cm　● 耐热性：◎
> ● 耐寒性：◎　● 土壤干湿度：稍干→适当
> ● 观赏时间 花：4—6 月　叶：全年

仙客来园艺品种

Cyclamen

以耐寒性强的原种仙客来为中心培植出的小型品种。一般来说冬天要放在室内，不过在温暖地区可以种在室外。在花朵较少的季节开花，有重瓣品种和褶瓣品种。生命力强，花期长，夏天地面部分会枯萎，进入休眠期。土壤蓬松通气性好，休眠期间气候凉爽的半背阴环境最为理想。

> **数据**
>
> ☀ 日照：**明亮背阴处、半背阴处**
> ● 科名：报春花科　● 别名：兔子花、一品冠、篝火花
> ● 形态：多年生草本植物　● 原产地：非洲北部至中部偏东地区、欧洲地中海沿岸　● 高度：10~70cm　● 冠幅：30cm
> ● 耐热性：○　● 耐寒性：◎　● 土壤干湿度：稍干
> ● 观赏时间 花：10月至来年4月

筋骨草

Ajuga

叶子仿佛要覆盖地面，春天竖起的花穗上开出紫色的花朵。深绿色的叶子会在天气寒冷、光照强的环境中变成棕色，另外还有多种叶子颜色的园艺品种。能适应土壤干湿等环境变化，也适合种在水泥围墙或者砖覆盖的区域。种在排水性差的温暖区域时，如果受到强光照射的话叶子会发生叶烧现象，因此在半背阴环境中才更令人放心。

数据

☀ 日照：**明亮背阴处、半背阴处**

- 科名：唇形科　● 别名：京黄芩
- 形态：常绿多年生草本植物　● 原产地：欧洲
- 高度：20cm　● 冠幅：30cm
- 耐热性：○　● 耐寒性：◎
- 土壤干湿度：适当→潮湿
- 观赏时间　叶：全年　花：4—5月

萎蕤

Polygonatum odoratum var. pluriflorum

散发着楚楚可人气质的野草。绿色的叶子水灵娇嫩，弯曲成弓形的茎上长着一串小花。生长在日本各处山地，新芽可以作为野菜食用，果实有毒。生命力极强，种在背阴处的植株叶片在夏天也能保持水灵娇嫩；聚集在一起能凸显叶子的美丽。市场上也有叶子带斑纹的品种。喜欢富含有机质、排水性好的土壤，可以适应向阳处或明亮背阴处的环境，在干燥的地方也能生长。

数据

☀ 日照：**明亮背阴处、半背阴处**

- 科名：百合科　● 别名：铃铛菜、葳蕤
- 形态：多年生草本植物
- 原产地：日本、朝鲜半岛、中国　● 高度：30~60cm
- 冠幅：30~50cm　● 耐热性：○　● 耐寒性：◎
- 土壤干湿度：适当
- 观赏时间　花：5月　叶：5—10月

肺草

Pulmonaria

叶子颜色多种多样，从独特的银灰色到绿色、带斑纹的应有尽有。经常作为点缀背阴处的绿植。在周围的植物开始生长前就会抽花茎，几乎不会被冻伤。从早春开始开花，叶子逐渐展开。花色有鲜艳的蓝色、粉色、白色，还有从粉色变蓝色的品种。不耐高温干燥，适合种在开花前阳光充足、开花后变为背阴处的落叶树下。有些品种种在合适的地点能保持四季常绿。

武士

数据

☀ 日照：**明亮背阴处、半背阴处**

- 科名：紫草科　● 别名：疗肺草
- 形态：多年生草本植物
- 原产地：欧洲、巴尔干半岛　● 高度：30~40cm
- 冠幅：30~50cm　● 耐热性：△　● 耐寒性：◎
- 土壤干湿度：适当→潮湿
- 观赏时间　花：2—5 月

厚叶福禄考"比尔·贝克"

Phlox carolina 'Bill Baker'

福禄考种类繁多，有匍匐开花的针叶天蓝绣球，另外，作为切花销售、夏季开花、别名草夹竹桃的天蓝绣球和它是同类。厚叶福禄考"比尔·贝克"纤细的枝条上点缀着花朵，生命力强，繁殖快，是丛生品种。比一般夏季开放的花朵开花更早，会盛开在一片新绿的背景中。大量种植同类品种或者和其他草花混栽都能散发魅力。盛开后，通过摘枯花可以持续开花，能够长时间欣赏。

数据

☀ 日照：**半背阴处**

- 科名：花葱科　● 别名：福禄考
- 形态：多年生草本植物
- 原产地：北美、西伯利亚　● 高度：约40cm
- 冠幅：30~50cm　● 耐热性：○　● 耐寒性：◎
- 土壤干湿度：稍干→适当
- 观赏时间　花：4—5 月

水仙

Narcissus

通过品种改良培育出了喇叭水仙、重瓣水仙等众多园艺品种。日本各地都有观赏野生状态水仙的著名景点。水仙喜光，不过因为生命力强，在半背阴处也能生长。但日照不足会造成徒长，开花数量变少。适合种在排水好、保湿性强、通风好的土壤中。

> **数据**
>
> ☀ 日照：**半背阴处**
>
> ● 科名：石蒜科　● 别名：凌波仙子、金盏银台、落神香妃
> ● 形态：多年生草本植物　● 原产地：地中海沿岸
> ● 高度：10~50cm　● 冠幅：20~40cm　● 耐热性：○
> ● 耐寒性：◎　● 土壤干湿度：稍干→适当
> ● 观赏时间　花：11 月至来年 4 月

水仙（俗名为中国水仙）

淫羊藿

Epimedium grandiflorum var. *thunbergianum*

花朵形状独特，呈船锚形。淡粉色的花朵很美，叶子在刚刚发芽时呈黄绿色，夏季呈深绿色，秋天变成红色，颇具观赏价值。适合上午能晒到阳光的半背阴或明亮背阴环境。光照过强会造成叶烧现象，所以最适合种在落叶树下等地方。因为不喜欢干燥，最好在土壤中加入腐叶土。

> **数据**
>
> ☀ 日照：**明亮背阴处、半背阴处**
>
> ● 科名：小檗科　● 别名：牛角花、三叉风、羊角风
> ● 形态：多年生草本植物　● 原产地：日本、中国、地中海沿岸
> ● 高度：15~40cm　● 冠幅：15~25cm　● 耐热性：◎
> ● 耐寒性：◎　● 土壤干湿度：稍干→适当
> ● 观赏时间　花：4 月　叶：4—11 月

春星韭

Ipheion uniflorum

种好后不打理也能在春天开出星形花朵，能在花坛的角落和路边见到。花色有清爽的白色和紫色等。因为摘下花叶后能闻到韭菜的味道而得名。还有开浅紫色、粉色、黄色花的品种，花期有所差别。可以在向阳处及半背阴处生长，耐旱性强，因此也可以种在恶劣的环境中。

> **数据**
>
> ☀ 日照：**半背阴处**
>
> ● 科名：石蒜科　● 别名：花韭、春星花
> ● 形态：多年生草本植物　● 原产地：南非　● 高度：15~25cm
> ● 冠幅：10~20cm　● 耐热性：◎　● 耐寒性：○
> ● 土壤干湿度：稍干→适当　● 观赏时间　花：3—4 月

蓝铃花

Hyacinthoides non-scripta

蓝色花朵垂在细细的花穗上，姿态楚楚动人。只要种在排水好的明亮背阴处或半背阴处就可以不用打理，每年都会开放。4—5月花期结束后，地上部分会在7月"消失"，所以可以大量种在落叶树下等合适的环境中。种在花盆中时，要注意，不分株可能导致无法开花。与同为蓝铃花属的西班牙蓝铃花都是主要栽培对象，也有园艺品种。

> ┃ **数据**
>
> ☀ 日照：**明亮背阴处、半背阴处**
>
> ● 科名：天门冬科　● 别名：野风信子
> ● 形态：多年生草本植物　● 原产地：地中海沿岸
> ● 高度：20~40cm　● 冠幅：约30cm
> ● 耐热性：◎　● 耐寒性：◎
> ● 土壤干湿度：适当→潮湿
> ● 观赏时间　花：4—5月

勿忘草

Myosotis

原本是多年生草本植物，但是由于不耐热而难以度夏，因此在日本除了寒冷地带之外多被当成一年生草本植物种植。本属植物之一是经常能在花坛中见到的勿忘草（又称森林勿忘草），它在高原湿地等地野生。喜光，因为落叶树下整个冬天都是向阳处，所以在秋天播种最合适。另外，春天将带花蕾的苗种在半背阴环境中也能开花。如果根部受伤则不能长时间存活，所以栽种时要注意。

> ┃ **数据**
>
> ☀ 日照：**半背阴处**
>
> ● 科名：紫草科　● 别名：勿忘我、星辰花、匙叶草
> ● 形态：一年生或多年生草本植物
> ● 原产地：温带地区　● 高度：10~50cm
> ● 冠幅：约30cm　● 耐热性：△　● 耐寒性：○
> ● 土壤干湿度：适当　● 观赏时间　花：4—5月

三棱葱

Allium triquetrum

葱属的品种很多，也有大花葱那样的大型品种。三棱葱的花洁白清新，与它的形象相反，三棱葱繁殖力旺盛，不打理也能每年开花，甚至需要在生长过剩时拔掉一部分。自生于地中海地区的森林和潮湿的草原，在半背阴处也能生长。美国西海岸、英国和澳大利亚也有归化种。能作为香草食用，因为切开的茎断面呈三角形而得名。

> **数据**
>
> ☀ **日照：半背阴处**
> - 科名：百合科　● 别名：三棱韭葱
> - 形态：多年生草本植物　● 原产地：地中海沿岸
> - 高度：20~60cm　● 冠幅：20~40cm
> - 耐热性：○　● 耐寒性：◎
> - 土壤干湿度：适当→潮湿
> - 观赏时间　花：4—6月

草芍药

Paeonia obovata

野生芍药，开白色的单瓣花。开花几天后凋零，夏季能结出果实，经常被用于茶室装饰。草芍药是生长在深山或森林的林地表层上的野生草，因此最适合种在背阴处或常绿树下等全年背阴的地方。强烈日照会让叶片发生叶烧现象，另外它讨厌多湿或干燥的环境，因此要种在排水好、水分充沛、富含有机质的腐叶土中。结种消耗养分，所以为了让植株茁壮成长，可以在花谢后剪掉枯花。

> **数据**
>
> ☀ **日照：明亮背阴处、半背阴处**
> - 科名：毛茛科　● 别名：山芍药、野芍药
> - 形态：多年生草本植物　● 原产地：日本、韩国
> - 高度：30~60cm　● 冠幅：30cm
> - 耐热性：○　● 耐寒性：○
> - 土壤干湿度：适当→潮湿
> - 观赏时间　花：4月中旬至5月

细梗溲疏

Deutzia gracilis

不会长到很大的溲疏。枝条会横向扩张，其间点缀着白色清新的小花。像穗子一样聚集在一起的花朵微微向下开放，花开后枝条下垂，匍匐在地向侧面伸展。生命力极强，无论在向阳处还是半背阴处，不用打理就能尽情生长。枝繁叶茂的树形和白色的花朵容易和周围的植物搭配，无论在和风庭院还是西式庭院中都能营造出自然的氛围。

数据

☀ **日照：半背阴处**

- 科名：虎耳草科　● 别名：小溲疏
- 形态：落叶灌木　● 原产地：日本
- 高度：30~50cm　● 冠幅：30~50cm
- 耐热性：◎　● 耐寒性：○
- 土壤干湿度：稍干→适当
- 观赏时间　花：4—5月

荷包牡丹

Dicentra spectabilis

花的形状很有特点，像一串爱心相连。花和叶子都水灵娇嫩，质感柔软。花色有粉色和白色，叶子和牡丹叶子形状相似。长长的花茎像鱼竿，所以又叫鱼儿草。4—5月开花，进入夏天后地上部分枯萎，进入休眠期。喜欢上午能晒到太阳的半背阴处或明亮背阴处，不耐夏日酷暑和干燥，所以最适合种在落叶树下。因为根能延伸很长，所以要在土壤深处加入大量腐叶土。

数据

☀ **日照：明亮背阴处、半背阴处**

- 科名：罂粟科　● 别名：兔儿牡丹、铃儿草
- 形态：多年生草本植物
- 原产地：中国、朝鲜半岛　● 高度：约30cm
- 冠幅：30~50cm　● 耐热性：○　● 耐寒性：◎
- 土壤干湿度：适当→潮湿
- 观赏时间　花：4—5月

虎耳草

Saxifraga stolonifera

自生于潮湿背阴处，常绿树叶在日本民间用于治疗灼伤，用作退烧药，现在人们已经把它种在庭院中。开白色纤弱的小花，叶子圆形有褶边，叶脉图案独特。叶子也有黄绿色的和带斑纹的。通过母株根部长出匍匐茎繁殖，它是在昏暗背阴处也能生长的杂草。要注意日照会让叶片发生叶烧现象。

数据

☀ 日照： **昏暗背阴处、 明亮背阴处、 半背阴处**
- 科名：虎耳草科 ● 别名：石荷叶、金线吊芙蓉、老虎耳
- 形态：多年生草本植物 ● 原产地：日本、中国
- 高度：约20cm ● 冠幅：20~30cm ● 耐热性：○
- 耐寒性：◎ ● 土壤干湿度：适当→潮湿
- 观赏时间 花：5—7月 叶：全年

蝴蝶花

Iris japonica

在日本各地的低地、森林和深山等处经常能见到。有光泽的深绿叶片和白色花朵令人印象深刻。白花上有些许蓝紫色和黄色的花纹，清新可爱。地下茎延伸得很长，容易形成群落。在昏暗背阴处也能生长，但过于阴暗的环境会让花朵数量减少。只需要种在适度保湿、排水好的土壤中，不打理也能茁壮成长。

数据

☀ 日照： **昏暗背阴处、 明亮背阴处**
- 科名：鸢尾科 ● 别名：兰花草、扁担叶
- 形态：常绿多年生草本植物 ● 原产地：中国、缅甸
- 高度：30~50cm ● 冠幅：30~50cm ● 耐热性：○
- 耐寒性：◎ ● 土壤干湿度：适当→潮湿
- 观赏时间 花：4—5月

蕺菜

Houttuynia cordata

经常能在路边和庭院的角落见到。预防高血压和动脉硬化的草药，干燥后可以泡茶。全草都有强烈的腥臭味，不过梅雨时节开出的白色花朵很清爽。园艺品种中有重瓣的、带斑纹叶片的等。地下茎伸展范围大，繁殖力强，可以作为地被植物。无所谓向阳或背阴环境，在干燥或湿润地区都能生长。

数据

☀ 日照：**明亮背阴处、半背阴处**
- 科名：三白草科 ● 别名：鱼腥草、狗腥草、臭菜
- 形态：多年生草本植物 ● 原产地：亚洲、非洲
- 高度：20~40cm ● 冠幅：50cm ● 耐热性：◎
- 耐寒性：○ ● 土壤干湿度：适当→潮湿
- 观赏时间 花：5—6月

蝴蝶草

Torenia

花期很长，从初夏持续到秋天，有匍匐性，因为有耐阴性，所以在向阳处和半背阴处都能生长。通过摘枯花和修剪，可以不断开花。普通的蝴蝶草花色是柔和的粉色或紫色，花色丰富，能给半背阴庭院带来华丽的色彩。不喜夏日的强烈日照，所以适合种在没有西晒的半背阴处。有些品种在冬季可以放在室内过冬，不过一般情况下被当作一年生草本植物。

> **数据**
> ☀ 日照：**半背阴处**
> ● 科名：玄参科　● 别名：石板青、铜交杯
> ● 形态：一年生、多年生草本植物
> ● 原产地：东南亚　● 高度：20~30cm
> ● 冠幅：20~30cm　耐热性：○　● 耐寒性：△
> ● 土壤干湿度：适当→潮湿
> ● 观赏时间　花：5—10月

龙面花

Nemesia

市场上多见色彩丰富的一年生草本龙面花，不过最近出现了四季开花性强的多年生草本龙面花。原本喜光，若种在夏季通风好的半背阴环境中，秋天会再次开花。有一定的耐寒性，种在花盆中会方便移动。一年生龙面花有红、黄、白、蓝等鲜艳的花色，多年生龙面花则开粉色、白色和蓝色花朵。花谢后在有腋芽的部分剪掉枯花，可以欣赏更多的花朵。

> **数据**
> ☀ 日照：**半背阴处**
> ● 科名：玄参科　● 别名：耐美西亚、囊距花、爱蜜西
> ● 形态：一年生、多年生草本植物
> ● 原产地：南非　● 高度：10~30cm
> ● 冠幅：20~30cm　耐热性：△　● 耐寒性：○
> ● 土壤干湿度：适当→潮湿
> ● 观赏时间　花：10月至来年6月

耧斗菜
Aquilegia

有多种多样的园艺品种，市面上也有重瓣品种。容易杂交，因此花色五彩缤纷。喜光，不过不耐热，最适合种在通风良好、上午向阳、下午变成明亮背阴处的地方。喜欢排水性好的土壤，可以种在略微蓬松的土壤中。没有结果时，花谢后仔细地一朵朵摘下枯花，下次开花会变得很容易。

> **数据**
>
> ☀ 日照：**半背阴处**
>
> ● 科名：毛茛科　● 别名：猫爪花　● 形态：多年生草本植物
> ● 原产地：北半球　● 高度：30~50cm
> ● 冠幅：15~20cm　● 耐热性：○　● 耐寒性：◎
> ● 土壤干湿度：稍干→适当　● 观赏时间 花：5—6月

紫菀
Aster

原种是日本自生的忘都草。从江户时代开始改良出园艺品种。原本喜光，不过因为不耐热，适合种在半背阴处。种在花盆中方便移动。花谢后切掉花茎变成玫瑰花状度夏。喜欢排水好的土壤，在排水差的环境中可以混入腐叶土种植。

> **数据**
>
> ☀ 日照：**半背阴处**
>
> ● 科名：菊科　● 别名：旋覆花、金沸花
> ● 形态：多年生草本植物　● 原产地：东亚　● 高度：20~30cm
> ● 冠幅：约20cm　● 耐热性：△　● 耐寒性：◎
> ● 土壤干湿度：适当→潮湿　● 观赏时间 花：4—6月

苏丹凤仙花
Impatiens walleriana

从初夏到秋天每天开放。花色丰富多彩，一般开单瓣花，但花形似玫瑰的重瓣品种很受欢迎，还有叶子带斑纹的品种。适合种在明亮背阴处、没有西晒的半背阴处，经常能在背阴的玄关前等处看到。植株会长到很大，因此栽种时要留出足够的空间，种在庭院中时要注意浇水、施肥。

> **数据**
>
> ☀ 日照：**明亮背阴处、半背阴处**
>
> ● 科名：凤仙花科　● 别名：指甲花、非洲凤仙花
> ● 形态：一年生草本植物　● 原产地：非洲东部
> ● 高度：15~40cm　● 冠幅：20~30cm　● 耐热性：△
> ● 耐寒性：△　● 土壤干湿度：适当→潮湿
> ● 观赏时间 花：5—10月

紫菀 "香薄荷"

Aster microcephalus var. *ovatus* 'Hortensis'

在日本各地的草原上都能看到的一种野菊花，是紫菀的选育品种。自古以来为观赏而培育。颜色稍深，十分自然，能为花卉较少的秋日庭院增光添彩。耐热耐寒，在向阳处和半背阴处都能生长。种在腐叶土充分的土壤中，3~4 年分株一次即可。

> **数据**
> ☀ 日照：**半背阴处**
> ● 科名：菊科 ● 别名：青菀、紫倩 ● 形态：多年生草本植物
> ● 原产地：日本 ● 高度：0.5~1m ● 冠幅：30~50cm
> ● 耐热性：◎ ● 耐寒性：◎ ● 土壤干湿度：适当
> ● 观赏时间 花：9—11 月

野芝麻

Lamium

日本山中自生的有本属的宝盖草、野芝麻。在地面匍匐扩张，经常被作为地被植物。有黄叶、银叶、带斑纹的叶子等品种，初夏会开粉色、白色、黄色的小花。种在排水性好的地方，要注意避开强烈日照。银叶品种需要种在半背阴处。夏天要剪掉老叶来避免闷热。

> **数据**
> ☀ 日照：**明亮背阴处、半背阴处**
> ● 科名：唇形科 ● 别名：山苏子 ● 形态：多年生草本植物
> ● 原产地：欧洲、北非、西亚 ● 高度：20~40cm
> ● 冠幅：20~30cm ● 耐热性：△ ● 耐寒性：◎
> ● 土壤干湿度：适当 ● 观赏时间 花：5—6 月 叶：全年

紫花野芝麻

顶花板凳果

Pachysandra terminalis

春天开放的白花朴素、不显眼，不过深绿的叶片可以全年保持光泽。不用打理也能茁壮成长，如果枝叶受伤，只需要剪掉受伤部分就会继续分枝，再次长出漂亮的叶片。最近经常被种在行道树脚下或背阴树丛中，是背阴庭院重要的地被植物。

> **数据**
> ☀ 日照：**昏暗背阴处、 明亮背阴处、 半背阴处**
> ● 科名：黄杨科 ● 别名：顶蕊三角咪、粉蕊黄杨 ● 形态：常绿多年生草本植物 ● 原产地：日本、中国 ● 高度：20~30cm
> ● 冠幅：30~40cm ● 耐热性：◎ ● 耐寒性：◎
> ● 土壤干湿度：稍干 ● 观赏时间 花：4 月 叶：全年

活血丹

Glechoma

日本有自生活血丹，是常绿多年生草本植物，在节处会生根，长出腋芽，旺盛地繁殖。人们最常种植的是叶子带斑纹的欧活血丹。可以种在向阳处或明亮背阴处，也可以作为地被植物或用于墙壁绿化。喜欢水，所以要避免干燥。每年修剪一次，间隔着去掉不需要的部分即可。藤蔓的节处会生根，可以剪下用于繁殖。

> **数据**
>
> ☀ **日照：明亮背阴处、半背阴处**
>
> ● 科名：唇形科　　● 别名：遍地香、地钱儿、钹儿草
> ● 形态：多年生草本植物　● 原产地：欧洲、东亚
> ● 高度：10~20cm　● 冠幅：30~50cm
> ● 耐热性：◎　● 耐寒性：◎
> ● 土壤干湿度：稍干→适当
> ● 观赏时间　叶：全年

矾根

Heuchera

多彩的叶子颜色魅力十足。茂密的叶子很适合混栽或种在狭窄的区域。常绿，能够全年保持小巧的姿态，夏天会开出粉色、白色、红色等小花。在背阴处也能茁壮成长，有些品种会因为夏日的直射阳光而发生叶烧现象，可以用腐叶土护根。另外，矾根喜欢排水好的土壤，要加入腐叶土。种在花盆中时每隔1~2年换一次盆，种在庭院中时根据茂密程度分株或重新栽种。

> **数据**
>
> ☀ **日照：明亮背阴处、半背阴处**
>
> ● 科名：虎耳草科　　● 别名：蝴蝶铃, 肾形草
> ● 形态：常绿多年生草本植物
> ● 原产地：北美、墨西哥　● 高度：20~30cm
> ● 冠幅：30~40cm　● 耐热性：○　● 耐寒性：◎
> ● 土壤干湿度：适当→潮湿
> ● 观赏时间　花：6—7月　叶：全年

大戟

Euphorbia

有耐热性，不耐多湿环境，需要种在排水性好的土壤中。可以适应各种日照环境，耐强日照和干燥。在半背阴处也能生长，不过在向阳处会开花。要注意避免闷热和根部腐烂，使用适合野草和仙人掌、排水性好的土壤，使土壤保持蓬松或者垫一些石头。花期结束后从根部剪下，培育靠近根部的嫩芽更新植株。

❶ 冰霜钻石　❷ 黑珍珠　❸ 费恩斯红宝石

> **数据**
>
> ☀ 日照：**半背阴处**
>
> ● 科名：大戟科　● 别名：京大戟
> ● 形态：一年生、多年生草本植物，灌木
> ● 原产地：多为地中海沿岸
> ● 高度：0.1~1m　● 冠幅：30~50cm
> ● 耐热性：◎　● 耐寒性：◎　● 土壤干湿度：稍干
> ● 观赏时间　花：4~7月　叶：全年

硬毛百脉根 "硫黄"

Dorycnium hirsutum 'Brimstone'

柔软小巧的叶子上覆盖着茸毛。柔软的银色叶子尖端是奶油色。修剪后长出的新芽是黄色的，初夏时茎顶部会开出白色小花，姿态生动。如果排水好，在向阳处和半背阴处都能生长。在梅雨季节植株因闷热枯萎时，修剪后一个月左右就会长出新芽。可以种在花坛边缘、庭院入口处或花盆中。它也会被当作鲜切花售卖。

> **数据**
>
> ☀ 日照：**明亮背阴处、半背阴处**
>
> ● 科名：豆科　● 形态：常绿多年生草本植物
> ● 原产地：地中海沿岸　● 高度：30~50cm
> ● 冠幅：30~40cm　● 耐热性：◎　● 耐寒性：○
> ● 土壤干湿度：稍干→适当
> ● 观赏时间　花：6~10月　叶：全年

羊角芹

Aegopodium podagraria

市面上有叶子带斑纹的园艺品种。可以作为背阴处的地被植物，或者种在树下，给庭院带来一抹亮色。轻巧的叶片可以衬托周围的植物，填充植物之间的空隙，很适合作为遮挡视线的植物。地下茎充分伸展，生长旺盛，冬天地面部分会枯萎休眠。喜欢背阴处，强烈的阳光会造成叶片发生叶烧现象。

> **▌数据▐**
>
> ☀ 日照：**半背阴处**
>
> ● 科名：伞形科　● 形态：多年生草本植物
>
> ● 原产地：欧洲　● 高度：30~80cm　● 冠幅：0.3~1m
>
> ● 耐热性：○　● 耐寒性：◎　● 土壤干湿度：适当→潮湿
>
> ● 观赏时间　花：6月　叶：4—10月

鸭儿芹 "紫三叶"

Cryptotaenia japonica f. atropurpurea

此品种垫子质感的青铜色叶片可以营造景观的立体感，是鲜绿色的叶子的重要配角，经常被用于混栽。它是鸭儿芹青铜叶品种，嫩叶有香气，经常被用于烹饪。生命力极强，可以种在向阳处或半背阴处。栽种后不需打理就能生长，洒落的种子自然繁殖，可成为地被植物。

> **▌数据▐**
>
> ☀ 日照：**半背阴处**
>
> ● 科名：伞形科　● 别名：野蜀葵、紫三叶
>
> ● 形态：多年生草本植物　● 原产地：东亚　● 高度：约50cm
>
> ● 冠幅：约50cm　● 耐热性：◎　● 耐寒性：◎
>
> ● 土壤干湿度：适当→潮湿　● 观赏时间　叶：4—11月

日本安蕨

Athyrium niponicum f. metallicum

以日本广泛生长的日本安蕨选育出的品种。有的品种叶子混有绿色、粉色、紫色、银色，华丽美观。生命力很强，但直射阳光会让植物干燥，伤害叶子尖部，采用护根措施很有用。气温升高后叶子颜色会暗淡。冬天，地上部分枯萎，因此可以和常绿植物合种。

> **▌数据▐**
>
> ☀ 日照：**明亮背阴处、半背阴处**
>
> ● 科名：蹄盖蕨科　● 别名：日本蹄盖蕨
>
> ● 形态：多年生草本植物　● 原产地：日本　● 高度：30~45cm
>
> ● 冠幅：40~50cm　● 耐热性：◎　● 耐寒性：◎
>
> ● 土壤干湿度：适当→潮湿　● 观赏时间　叶：5—10月

阔叶山麦冬

Liriope muscari

日本各地林地表层经常能见到的常绿多年生草本植物。可以适应从向阳处到背阴处的各种环境，生命力强，不需打理，因此经常被用于城市绿化。从夏天到秋天会开出小小的蓝紫色花朵，不久后结出黑色有光泽的果实。细长皮革质叶片富有光泽，还有深绿色和黄色带斑纹叶片的品种。

数据

☀ 日照： **昏暗背阴处、 明亮背阴处**

● 科名：百合科 ● 别名：短葶山麦冬

● 形态：常绿多年生草本植物 ● 原产地：日本、中国

● 高度：20~40cm ● 冠幅：20~40cm ● 耐热性：◎

● 耐寒性：◎ ● 土壤干湿度：稍干→适当→潮湿

● 观赏时间 花：7—10月 叶：全年 果实：11月至来年3月

吉祥草

Reineckea carnea

据说种在家里时，开花就是好兆头，因此得名。细长叶片的下面有紫红色的花穗，会开出不显眼的小花。生长在日本宫城县以西昏暗的林地表层。在背阴环境下很容易繁殖，不耐夏季阳光，环境干燥会让叶子颜色变差。喜欢潮湿的环境，多种在背阴庭院的角落或被建筑物包围的环境中。

数据

☀ 日照： **昏暗背阴处、 明亮背阴处**

● 科名：天门冬科 ● 别名：松寿兰

● 形态：常绿多年生草本植物 ● 原产地：日本、中国

● 高度：10~30cm ● 冠幅：20~30cm ● 耐热性：◎

● 耐寒性：◎ ● 土壤干湿度：适当→潮湿

● 观赏时间 花：11月

延命草

Plectranthus

五彩缤纷的叶子颜色和独特的花纹让作为彩叶植物的延命草人气颇高。在秋天花卉较少的时候会开出形状像鼠尾草花的可人花朵，在市面上也被当作开花植物售卖。原本喜光，但是不耐夏季的强烈日照，种在半背阴环境中则无须担心。不耐寒，因此多被当作一年生草本植物，如果放在室内就可以过冬。

数据

☀ 日照： **明亮背阴处、 半背阴处**

● 科名：唇形科 ● 别名：还魂草、香茶草

● 形态：一年生、多年生草本植物，灌木

● 原产地：欧亚大陆、非洲大陆、大洋洲 ● 高度：5~80cm

● 冠幅：30~40cm ● 耐热性：◎ ● 耐寒性：△

● 土壤干湿度：适当→潮湿 ● 观赏时间 叶：全年

金钱蒲

Acorus gramineus

漂亮的直线形叶子舒展，生长缓慢。喜水，经常被种在庭院的水边，很适合自然风格的庭院。生命力强，可以适应向阳或半背阴环境，不过带斑纹的叶子在强烈日照下会发生叶烧现象，所以适合种在半背阴环境中。不需要特别打理，老叶太明显时，可以在春天发新芽之前修剪。

> **数据**
>
> ☀ 日照：**明亮背阴处、半背阴处**
>
> ● 科名：天南星科　● 别名：菖蒲、石菖蒲　● 形态：常绿多年生草本植物　● 原产地：日本、东亚　● 高度：20~30cm
>
> ● 冠幅：25~50cm　● 耐热性：◎　● 耐寒性：◎
>
> ● 土壤干湿度：稍干→适当→潮湿　● 观赏时间　叶：全年

苔草

Carex

细叶的线条和颜色都很美丽。有红铜色和带斑纹叶子的品种，作为彩叶植物被人们熟知。另外，因为根部能充分扩张，所以也用于保土。不需打理也能生长，长大后形状也不会凌乱，比起分株更适合培育成大株来欣赏。不同品种适应的背阴条件不同，要注意区分。

> **数据**
>
> ☀ 日照：**明亮背阴处、半背阴处**
>
> ● 科名：莎草科　● 别名：薹草　● 形态：常绿多年生草本植物
>
> ● 原产地：日本、新西兰　● 高度：20~120cm
>
> ● 冠幅：30~60cm　● 耐热性：◎　● 耐寒性：○
>
> ● 土壤干湿度：稍干→适当→潮湿　● 观赏时间　叶：全年

箱根草

Hakonechloa macra

长叶的根部扭转，叶子背面翻转为正面。是日本本州岛山地生长的多年生草本植物，鲜绿色的叶片在风中摇曳的姿态很清新。生命力极强，可以适应向阳处和背阴处的环境。喜欢排水好的地点，可以种在蓬松土壤中。抽新芽前修剪枯萎的叶子可以让叶片保持美丽。

> **数据**
>
> ☀ 日照：**明亮背阴处、半背阴处**
>
> ● 科名：禾本科　● 别名：知风草　● 形态：多年生草本植物
>
> ● 原产地：日本　● 高度：20~30cm　● 冠幅：30~60cm
>
> ● 耐热性：◎　● 耐寒性：◎　● 土壤干湿度：适当
>
> ● 观赏时间　叶：4—10月

植物名称索引

Original Japanese title: UTSUKUSHII NIWA GA ICHINENJU TANOSHIMERU HIKAGE
WO IKASU SHIKI NO NIWA ZUKURI

by Keiko Udagawa, Yoshie Saito, Hiroyuki Taguchi

设计　　　　矢作裕佳（sola design）
摄影　　　　八藤爱美、宇田川佳子、泷下昌代、田口裕之
编辑　　　　泷下昌代
摄影协助　　铃木美千代、山本广美
插图　　　　阿部真由美
校对　　　　佐藤博子
DTP 制作　　天龙社

Original Japanese edition published by Ie-No-Hikari Association

Simplified Chinese translation copyright © 2020, by China Machine Press.

Simplified Chinese translation rights arranged with Ie-No-Hikari Association, Tokyo through The English
Agency (Japan) Ltd., Tokyo and Shanghai To-Asia Culture Co., Ltd.

北京市版权局著作权合同登记 图字：01-2019-7136 号。

图书在版编目（CIP）数据

扮美背阴庭院 /（日）宇田川佳子，（日）齐藤吉江，
（日）田口裕之编；佟凡译. — 北京：机械工业出版社，2021.1
（打造超人气花园）
ISBN 978-7-111-66454-3

Ⅰ . ①扮… Ⅱ . ①宇… ②齐… ③田… ④佟… Ⅲ . ①庭院 – 园林设计
Ⅳ . ①TU986.2

中国版本图书馆CIP数据核字（2020）第165824号

机械工业出版社（北京市百万庄大街22号　邮政编码100037）
策划编辑：于翠翠　　责任编辑：于翠翠
责任校对：张莎莎　　责任印制：张　博
北京宝隆世纪印刷有限公司印刷

2020年10月第1版第1次印刷
187mm×260mm · 8印张 · 161千字
标准书号：ISBN 978-7-111-66454-3
定价：59.80元

电话服务　　　　　　　　　网络服务
客服电话：010-88361066　　机 工 官 网：www.cmpbook.com
　　　　　010-88379833　　机 工 官 博：weibo.com/cmp1952
　　　　　010-68326294　　金 书 网：www.golden-book.com
封底无防伪标均为盗版　　　机工教育服务网：www.cmpedu.com